第一次  養貓 修訂版 就上手

陳正茂 著

做個優質的貓主人

文／杜白（中心動物醫院負責人）

　　小動物不是玩具，不是電腦遊戲，牠是活生生的，每天呼吸、吃飯、喝水、大小便，跟人類完全一樣。玩具玩膩了可以打入冷宮，遊戲玩累了可以關機，小動物卻不能關機。所以，充份的事前準備才開始飼養，是第一鐵則。

　　貓是非常細膩的小動物，不像許多狗那麼粗枝大葉。

　　貓是非常現代化的生活藝術家，懂得欣賞牠的人，才會是個好主人。

　　只有夠格的好主人，才可以把貓養好。

　　夠格的意思就是先做功課才開始養貓。

　　夠格的另一個意思是，已經有貓了，依舊努力地去學習，隨著貓齡成長而自我成長。

　　時下有許多翻譯書，圖文並茂，卻常常少了台灣這個炎熱、潮濕地帶容易有的毛病的介紹，陳正茂醫師對於養貓的經驗相當豐富，自然而然可以提供讀者許多適切的資訊。

　　適切而實用的資訊，比美麗的圖片，更有價值。

　　期望所有讀者，透過本書，成為優質的主人，好好享受與貓同居的樂趣。

知識養貓的時代

文／心岱（資深愛貓人）

　　我從小就跟貓親得不得了，那個年代，沒有人當貓狗是寵物，養貓養狗是為了捕鼠看家。但是我們家的貓就像家庭成員，牠們按三餐被供養，牠們雖然來去自如，可是每天傍晚都一定會回家，夜晚通常都在我的被窩睡覺，也不曾看到牠們去打獵；爸爸說，貓選主人。因此，我與貓的關係彷彿前世今生。

　　可是童年的記憶中，最痛苦的就是面對貓的猝死或走失，往往牠們會因誤食毒鼠藥劑而口吐白沫，有時竟是因為求偶打鬥而喪命，當時並沒有獸醫這一行，只能眼睜睜看著牠們的生命像朝露一樣短暫地消失了。如今想來，是因為我們根本不懂得「養貓」，其實貓的歲壽平均有 16～20 年，如果牠們很健康的話，甚至也可能破記錄。

　　健康——是經濟能力、生活品質提升之後，整個社會追求的標竿，人畜無論。台灣貓走過了貧窮的時代，跨到與世界接軌的現代，牠們的命運有沒有改變呢？雖然貓的交易市場看似很熱絡，貓的社團組織也很熱鬧，但貓的健康是否被關注了？牠們的生活環境是不是適意？這些關鍵問題，成為我這些年來研究與調查的焦點。

　　貓的形貌，貓的氣質，貓的個性，都是使愛貓人士數量激增的因素，但是只知愛牠而不懂「養貓」，那是盲目的、是錯誤的舉動，如何「供養」貓，則要靠完全的「知識」，知識來自書本，知識會幫助經驗的成熟；一如育嬰，媽媽需要靠正確的育嬰知識來哺育嬰兒，養貓正如養孩子，也需要養貓的正確知識，而非靠市井的以訛傳訛。

　　利用閱讀貓書的機會，充分了解貓的生態，了解貓的特質，了解貓的心理學，之後，你才可能是個夠格的「愛貓族」，先做好這份功課，你才可能與貓共度一生，而倍感幸福無憾。

養貓人的甜蜜負擔

　　記憶裡家中好像一直有養貓，從最早的養貓抓老鼠，到近年來生活中早已少不了貓的陪伴。牠們不著痕跡地分享著我的成長，卻又不會在生活中給人壓力。

　　最近幾年養貓人士好像明顯地增加不少，十多年前，筆者在醫院看九隻狗才有一隻貓病人，可是這幾年來，看醫生的貓狗比例已是一半一半了，可見這場貓狗大戰中，貓咪早已悄悄地在人類心中那塊想養寵物的深處佔有一席之地了。

　　喜歡貓的人和喜歡養貓的人是不盡相同的，而養「活」一隻貓和養「好」一隻貓，更有天壤之別。常有不少衝動型貓主人打電話問我：「醫生，我剛剛買了一隻貓咪喔，可是我不知道該如何養貓，你可不可以教我呢？」天呀，這可憐的小貓咪能平安地長大，還真得要菩薩保佑！我當然願意教你們如何養貓，只是你所面對的是活生生的生命，這是個嚴肅的課題。牠們不是布娃娃，牠們是需要你每天不斷地用心去照顧才能健康長大的，因此在養牠之前，建議多做做養貓前的功課，多看看養貓的書，讓自己有能力照料貓一輩子。

　　只是單純地喜歡貓，其實不需要特地花時間金錢飼養一隻貓，只要到養貓朋友的家中，和牠們玩玩抱抱就好了。更簡單點還可以收集貓布偶或圖片，在家中把玩欣賞。

實際上養貓的麻煩是不可避免的，不僅是時間、金錢上的花費，一顆心牽掛著牠、無法放心出遠門旅行，甚至還得低聲下氣接受室友的抱怨。儘管如此，為什麼仍有這麼多人要加入養貓的行列呢？就因為貓咪是如此迷人的生物，讓人願意犧牲那麼多，和牠一起生活。雖然有些人遠遠地望著心儀的對象就滿足，大多數養貓的人卻寧願和貓共同生活，讓牠們分享他生命中所有的喜怒哀樂。

　　既然下決心讓貓成為你生活的一部份，如何讓牠們健康快樂地和你相處，就是非常重要的功課了。在診所裡，常常看到因為人為飼養方式不正確，而來就診的貓咪，讓人嘆息萬分，沒有提早發現而延誤就醫時間的更是不在少數。希望用這種圖文並茂的方式，帶領喜歡貓咪、進一步想養貓咪的人，以簡單又正確的知識，來照顧這些可愛的毛絨絨動物，更希望這本書對養貓新手有所助益。

　　開始好好體驗這甜美的負擔吧。

陳正茂

目錄 CONTENTS

第 1 篇　想要養隻貓

第 2 篇　認識一隻貓

挑選你的第一隻貓

歡迎貓咪新成員

目錄 CONTENTS

第 7 篇　了解貓咪的心

第 8 篇　貓咪這樣做對嗎？

關心貓咪的健康

帶貓咪出去玩耍

意外傷害的急救

第11篇

照顧年老的貓咪

第12篇

附錄

如何使用這本書

　　本書專為「第一次」養貓的人製作，對於你可能面對的種種疑惑、不安和需求，提供循序漸進的解答。為了讓你更輕鬆的閱讀和查詢，本書共分為 12 個篇章，每一個篇章皆針對「第一次養貓」的人可能遭遇的問題提供完整的說明。

（本書不推薦特定商品，書中出現商品或公司行號圖片僅供參考。）

大標

當你遇到該篇章所提出的問題時，必須知道的重點以及解答。

內文

針對大標所提示的重點，做言簡意賅、深入淺出的說明。

Step-by-step

具體的步驟，幫助「第一次養貓」的你學會必要的知識與技能。

注意

警告、禁忌或容易犯的小錯誤，提醒你多注意。

·幫貓咪刷牙

　　最近寵物貓的地位愈來愈高了，不僅和主人一起上床睡覺，主人更是常常抱著牠玩親親。如果口腔衛生不佳，食物在齒縫中腐敗，滋生的細菌常會造成牙結石的產生。牙結石會造成牙齒的脫落和牙齦疾病，口腔的氣味也會變得很難聞，更可能因為口腔中的細菌進入血液循環，而產生心臟瓣膜的疾病。

檢查貓咪的牙齒健康

　　預防貓咪口腔的疾病，最重要的就是定期檢查貓咪的牙齒和牙齦，這最好是在小貓階段就要開始訓練牠，因為成貓不容易讓牠打開嘴巴。

1 輕壓貓的嘴角

　　將貓抱在大腿上或桌上，輕聲地安撫牠，用右手摸摸牠的頭，並將你的姆指和中指輕壓貓的嘴角，使貓主動開嘴巴。

2 抬高貓頭

　　將貓頭仰高，這樣可以更清楚地檢查貓咪的口腔是否有任何異樣。

注意

不可用人用牙膏刷貓牙

人的牙膏不可以拿來幫貓刷牙，因為人用的牙膏是會起泡泡的，容易讓貓嗆到，而且貓咪可不會漱口再吐掉牙膏。

104

幫貓咪刷牙的小技巧

當你的貓已經能接受打開嘴巴檢查牙齒的動作後，你就可以開始訓練刷牙了。

1. 手指包紗布

你可以將紗布包在食指上，沾水輕輕地刷貓的牙齒，一開始可以只刷前面的門牙，時間也不宜太久，否則貓會不耐煩，之後再慢慢地讓牠接受全口刷牙。

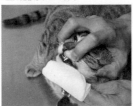

2. 市售貓用牙刷

市售的貓專用牙膏和牙刷也是不錯的選擇，可以讓刷牙更方便有效。因為貓咪習慣你幫牠刷牙的動作後，牙刷的刷毛可以更容易將齒縫間的食物清出。而貓專用牙膏可以改變口腔裡的酸鹼性，抑制細菌的滋生，減少牙周病的機會。

除了少數從幼貓就生活在一起的小動物，否則貓咪是不能和牠們和平相處的。

豆知識 台灣混種貓的祖先

四百多年來，西班牙、荷蘭和日本人帶了不同品種的貓到台灣，這些貓和本島的山貓雜交了無數代之後，對台灣氣候環境的適應力變得較強，不好的血統，早就在物競天擇中被淘汰掉了。

Q 不滿兩個月的幼貓怎麼餵？

A： 若要餵養未滿一個月的小貓，可以到寵物店買貓奶粉與嬰兒食品，以水沖泡奶粉後，和嬰兒食品拌在一起用湯匙餵食。小貓一個月大左右長牙，就可以開始吃硬乾糧，可以用泡軟的乾貓糧及貓罐頭混合餵食。

篇名
「第一次養貓」所遭遇的相關問題。可根據你的需求查閱相關篇章。

小提示
為「第一次養貓」的你提供實用訣竅與關鍵建議。

豆知識
額外的數據或知識，輔助你學習。

Q&A
針對一般大眾最常見的問題提供解答。

第 **1** 篇

想要養隻貓

在你心裡，想要擁有一隻毛絨絨的可愛貓咪的念頭，最近開始蠢蠢欲動了？現代人都怕寂寞更怕麻煩，養隻貓咪陪伴是不錯的選擇，因為貓咪心中總有把尺，知道和你相處的最近距離在那裡。

本篇教你

 養貓的條件

 養貓的花費

 你適不適合養貓

為什麼要養貓？

　　貓咪是很迷人的生物，可以像跳著佛朗明哥的女郎般熱情，也可以閉目沈思像個哲學家。這種個性上多變的獨特魅力，讓貓咪在全世界擁有無數的忠實信徒，而人們在寂寞的都市生活裡，最適合豢養貓咪這種獨立又伶俐的小動物。

貓咪的獨特魅力

　　貓咪究竟有什麼異於其他寵物的獨特魅力，使得愈來愈多的都市人選擇找一隻貓陪伴呢？

貓咪很獨立

　　貓是最有資格對你說「我是你的室友，不是你的僕人」的寵物。也因為這點，你不需要整天向牠表達愛意，也不用花所有時間陪牠玩耍，反而要給牠一些獨處的空間，是最適合忙碌現代人豢養的寵物。

不必遛貓

　　很多養狗者的困擾是，不論颱風下雨，只要不帶狗狗出去大小便，牠們就是憋著不上。貓會自己到貓砂盆上廁所，因此牠們不必像狗一樣，要天天出門解決大小便的問題。

貓咪不會亂叫

養狗最痛苦的不外乎是任何風吹草動，小狗總是狂吠不停，惹得左鄰右舍抗議不斷。貓咪不會像狗以狂叫來宣誓地盤，有些內向的貓甚至安靜到讓你忘了牠的存在。

貓咪不需常洗澡

想想每星期要幫家中狗狗洗澡的慎重，就可以體會愛乾淨的貓的好處，貓會把自己料理得乾乾淨淨、一絲不苟，永遠讓自己看起來像剛洗過澡般。看看你家十天沒洗澡的瑪爾濟斯就會同意我的說法。

貓咪不需大空間

現代人大多住公寓，並沒有很大的空間可以活動，而養貓的好處就是不需要大空間。養十隻貓的家庭，客人來訪時甚至不知道家中有貓，但是家中若有一隻狗，可是會搞得眾人皆知。

貓咪會用貓砂盆

光是訓練小狗認識廁所就常令人焦頭爛額，可是聰慧的貓咪，卻像是基因裡設定好似的，從小就知道要在貓砂盆裡大小便，而且還會用貓砂掩埋，避免臭味四溢。

豆知識

貓咪被豢養的歷史

大約 6000 年前，埃及人在尼羅河邊定居開墾。豐富的糧食吸引了老鼠，也帶來未馴化的野貓。因為人類發現貓能有效地控制蛇和老鼠，於是人們開始了長期馴化貓的過程。

養貓的好處

　　如果你是生活忙碌又怕寂寞的人，養隻貓是你最佳的選擇，不管何時回家，總有雙熱切眼神歡迎著你，撫慰你一整天的辛勞。若白天有年老長輩獨自待在家裡，也滿適合養貓作伴，既不用費力地帶牠出門運動，貓咪更不會整天煩著人玩。

養貓有什麼好處

　　養貓讓你保持健康。根據研究顯示，養寵物具有醫療上的優點，包括能夠降低血壓、減輕焦慮和沮喪，甚至加快手術後的復原時間。

對身體的好處

- 有飼養寵物的心臟病患，長期存活率明顯比沒有飼養寵物的病患高。而養貓又特別適合這些運動量不宜太多的心臟病患者的生活。

- 養貓的喪偶者在喪偶後第一年，身體健康情況比沒有養貓者好。

- 養貓的老年人就醫次數比沒有養貓的少；飼養寵物者的血壓比較低，而且因為常和寵物一起運動，身體健康狀況通常比較好，死於心臟病的比率也比較低。

- 出生一年內有寵物相伴的小孩，罹患過敏症或氣喘的比率比較低。和其他的寵物比較起來，家中有幼兒的人，養貓會是方便許多的一種選擇。

豆知識 **養貓可以控制血壓**

在平常接觸的畜主之中不乏許多上年紀的老人家，和他們閒聊中發現在未飼養貓咪之前，老人家的血壓常常無法理想控制，自從有了貓咪以後，生活有了重心，心情輕鬆愉快，不知不覺中也控制住血壓了。

對心理的好處

- 🐾 養寵物有助於提高家庭和樂的氣氛，減少主人的孤獨感，增加小孩的自信心，提高他們在運動、嗜好、娛樂和例行事務上的表現。

- 🐾 罹患自閉症的小孩有寵物相伴，情況通常可以獲得改善。

- 🐾 父母不幸重病或死亡的小孩，養寵物也有助於其適應現實的狀況。

- 🐾 養有寵物的 AIDS 患者，沮喪和精神壓力的情況比較少；許多團體也經常帶寵物到療養院探視病人，此舉對病人和寵物都具有相當的正面效應。

養貓要具備哪些條件？

決定養隻貓和自己作伴，不是一件可以衝動決定的事，你得先考慮很多條件。因為貓咪不是洋娃娃，是活生生的個體，不能養膩了就丟在一旁。你必須檢視下列幾個問題，再決定是否養貓。

養貓前想一想

我有資格養貓嗎？這是許多想養貓的人心中的疑問，養貓前想一想，你符合以下這些養貓條件嗎？

願意照顧牠一輩子

牠會是陪你十多年的室友，從養牠的那一刻起，你就成了牠終生的依靠，不能因為一時興起帶牠回家，等到玩膩了便不管牠的死活。

每天定時給食、撥出時間陪牠玩

雖說貓咪很獨立，但還是需要你撥出點時間，跟牠培養感情。尤其一年 365 天，你必須每天定時餵食，觀察牠的生活狀況，並撥出時間陪伴牠。

適合貓的生活環境

你家的活動空間足夠嗎？有沒有火爐或者種植有毒的觀賞植物？家中有沒有對貓毛過敏的人？陽台有沒有安全措施？貓咪發生意外，大多是主人沒能提供完善的生活環境所造成的。

能夠徹底做好每日例行工作

　　你必須有耐心持續不斷地每天幫牠梳毛或清理排泄物、教導、訓練、注意牠的健康情形和行為。

家庭成員沒有人反對

　　家庭成員是否均贊成再添一兩個新成員？若有人反對，最好先溝通，避免造成日後不必要的口角及麻煩。

無法飼養時，幫牠找適合的新家

　　萬一你沒有辦法盡到飼主該有的責任，也能幫牠找到合適的新飼主，而不隨意丟棄，造成社會問題。

　　如果你都符合以上的條件，那麼，恭喜你！你可以準備選擇一隻適合你的貓了！

注意

　　棄養家貓是很沒公德心的，家貓被棄養以後，也很難在街頭生存。

養貓要花很多錢嗎？

養貓不是只要考慮花多少錢買牠回家而已。牠的衣食住行育樂都需要不少花費，因此必須衡量你的經濟能力是否許可，你願意為牠花這些錢嗎？貓食、貓砂、醫療費用甚至玩具、零食等等，都是持續不斷的支出。

養貓的基本支出

以下這些項目都是養貓的基本支出，最後你可以先看看在養貓的第一年預計會有多少花費，再判斷是不是要養貓、養不養得起貓。

基本例行接種			
種類	費用	劑次	附註
晶片植入	300 元以內	僅一次	強制要求植入與否，請遵照各縣市規定
寵物登記費	未絕育犬貓 0 ～ 1,000 元 已絕育犬貓 0 ～ 500 元	僅一次	費用依照各縣市規定及絕育與否而有所差別
結紮	母貓 3000 ～ 4000 元 公貓 1500 ～ 2000 元	僅一次	1.8 個月大時可結紮 2. 費用根據麻醉方式、時間和手術對象的體重而有不同
預防針	五合一 600 ～ 1000 元	成貓一年一劑 幼貓一年兩劑 (隔月打)	
狂犬病注射	一般疫苗 200 元 無佐劑疫苗 1200 ～ 1500 元	一年一劑	
驅蟲	50 ～ 100 元	半年一次	

基本食物花費					
類別	品名	重量	市價	期限	附註
主食	乾糧	1 公斤裝	350 ～ 500 元	大約 1 個月～ 1.5 個月	一年約 4200 元
副食	罐頭	80 公克裝	30 ～ 50 元		

民生用品支出

貓砂

10 公斤細砂約 500 元上下，一隻貓用量大約二或三個月一包，清理時，只需將凝結的貓砂鏟起丟棄即可。

貓砂盆

基本型貓砂盆約 250 元、貓砂鏟約 50 元。可買全罩式貓砂盆，避免貓將貓砂踢出，約 700 元起。

玩具

- 逗貓棒：60 ～ 100 元不等。
- 不倒翁：約 150 元。
- 貓草：日製約 350 元，可以消除毛球。
- 小麥草：約 20 元，可以消除毛球。

貓床

- 寶貝窩冬：約 450 元，可直接丟進洗衣機裡洗。
- 寶貝窩夏：約 450 元，壓克力材質半層，內附同形枕頭一只，可丟洗衣機洗。
- 小枕頭：約 150 元。
- 小被單：約 390 元。

其他用品

- 洗毛精：400 元上下。
- 化毛膏：100 克約 200 ～ 300 元。
- 跳蚤預防藥：約 800 元。
- 剃毛器：約 1000 元上下。
- 項圈：約 50 ～ 200 元，有鈴鐺的項圈可以讓你掌握貓的行蹤。
- 簡易外出籠：約 350 元，帶貓外出用，飼主一定要準備。

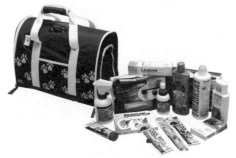

其他支出		
類別	價錢	附註
洗毛	短毛 500 元／隻 長毛 600 元／隻	最好能自己幫貓咪洗澡
美容	短毛 700 元／隻 長毛 800 元／隻	大美容（洗＋剪）： 短毛 900 元／隻、長毛 1000 元／隻
醫療	依病情狀況不一	小感冒去醫院一趟也要 300 ～ 400 元以上， 若能按時施打預防針就能減低生病的機率

第一年的基本費用

　　計算過以上林林總總的接種疫苗、食物花費、民生用品以及其他支出後，養貓第一年的基本必要支出，如同下表所算出的，至少得花 12400 元。

　　至於洗澡美容等非必要支出，可以能省則省，不過醫療花費千萬不要省，如果你的小貓生病，一定要立刻帶牠就醫。

項目	價位	備註
晶片	300	
預防針二劑	1600	2（次／年）×800
狂犬病一劑	200	
結紮	1500	
驅蟲	100	2（次／年）×50
伙食費用	4200	12（包／年）×350
貓砂	2000	4（包／年）×500
貓砂盆和貓砂鏟	300	
貓床	450	
玩具	200	
洗毛精	400	
防蚤用品	800	
外出提籃	350	
總計	12400	

我適合養貓嗎？

　　在評估過養貓的環境與資格，以及估計養貓需要的花費之後，接下來應該評估你是否真的喜愛貓、能否與貓相處融洽，畢竟貓咪可是你未來十多年的室友喔。回答下面的問題可以幫你了解自己是否適合養貓。

貓室友測驗題

　　做做看這些測驗題，評估你是不是真的喜愛貓，可以跟貓咪做十幾年的室友？

1 你看到貓會想去摸摸牠嗎？
　□ Yes □ No

2 看到街上的流浪貓會餵牠們嗎？
　□ Yes □ No

3 可以照顧貓咪如同家人般，超過十年以上的時間嗎？
　□ Yes □ No

4 你的工作時間固定嗎？
　□ Yes □ No

5 你的工作地點固定嗎？（例如不常出國出差）
　□ Yes □ No

6 你會為了貓咪生病而請假照顧牠嗎？
　□ Yes □ No

7 你無法照顧小貓時，有其他的人可以幫忙嗎？
　□ Yes □ No

8 你可以每天花時間體力和貓咪玩耍、說話嗎？
☐ Yes ☐ No

9 你可以忍受家中到處都是貓毛嗎？
☐ Yes ☐ No

10 你有時間幫貓咪刷毛洗澡嗎？
☐ Yes ☐ No

11 小貓成長期性情較不穩定，你能忍受牠亂咬東西嗎？
☐ Yes ☐ No

12 你能忍受心愛的家具被貓抓壞嗎？
☐ Yes ☐ No

13 家中其他成員可以接受貓嗎？
☐ Yes ☐ No

14 家中不會有人對貓過敏？
☐ Yes ☐ No

15 貓在你家中活動安全嗎？
☐ Yes ☐ No

16 你的經濟能力許可養隻貓嗎？
☐ Yes ☐ No

17 你願意每天花時間幫貓清大便嗎？
☐ Yes ☐ No

結果分析

算一算你的答案有多少是肯定的，然後對照下表分析，可以幫你了解
自己是否可以當個貓主人。

17 — 15 個 Yes

你會是個好的貓主人，因為你已經做好準備接受一隻貓咪，和
牠分享你的生活。

14 — 12 個 Yes

你還沒有準備好。你的環境及你的生活型態都不適合加入新的
貓室友，再調整一下吧。

11 — 9 個 Yes

你分給貓的時間太少了，或許換個工作，你就是不錯的貓主人
了。

9 — 7 個 Yes

你太衝動了，完全沒有做功課，或許幾天後你就會忘了想養貓
這件事。

7 個 Yes 以下

別害貓咪了，你完全不適合。

如何第一次養貓就上手？

　　第一次養貓總是讓人既緊張又期待，或許你是第一次養貓，也或許你曾經在養貓的過程中有過不愉快的經驗。其實第一次養貓就上手並非難事，只要照著以下的方法，你就可以成為一個快樂的養貓人。

❶ 充實貓咪相關知識

　　如果連貓咪的基本認識都沒有，如何成為好的貓主人？買本貓咪的工具書吧，本書就是你了解貓咪的第一步。

❷ 評估自己是否有資格養貓

　　如果評估後你是適合養貓的好主人，那麼你可以開始著手準備養貓了。但如果你不是養貓者的好候選人，千萬不要嘗試養貓，這對你對貓咪都是痛苦的過程。

❸ 找隻和你速配的貓

　　你希望養什麼樣個性的貓呢？有些貓咪活潑好動，有些文靜慵懶，有些貓獨立，有些貓黏人，先想清楚什麼樣個性的貓與你合得來，如果你找錯了貓，無法相處愉快，那對你們雙方都是折磨的開始。

4 布置安全舒適的家

當你歡天喜地地把貓帶回家，當然要給牠一個舒適的窩，如果牠在新的環境中無法適應，身體和心理都會生病，那可是很大的問題。

5 學會日常的清理和照顧

不能將貓咪所有的日常護理全交給別人處理，你得學會各種照顧牠的方法，因為這不僅關係到貓咪健康，更是你們之間培養感情的最佳時刻。

6 了解貓咪的心思

如果你不能了解貓咪的語言，你如何能和牠和平相處呢？搞不好還會經常被咬得遍體鱗傷、莫名其妙。認識基本的身體語言，可以減少你們之間的衝突。

7 找個好獸醫

想要你的貓咪跟著你過好日子、當一隻幸福的「貓瑞」，你就不能忽略牠的身體健康，找個好獸醫可以為你家貓咪的健康把關，預防並減少牠的病痛。

第 **2** 篇

認識一隻貓

擁有一身柔順的被毛，在黑暗中那雙神秘的綠寶石眼睛，以及午後悠閒地整理自己的慵懶姿態……在在都吸引著人們的目光。貓咪到底是什麼樣的動物呢？為什麼有那麼多人深深地被牠吸引而無法自拔？

本篇教你

 認識貓的身體構造

 換算貓的年齡

 找出和你最速配的貓

了解貓的生理構造

就像是上帝偏心製造的完美作品，貓科動物有獵食者所應具備的各種優點。不論是牠的感官系統或是運動神經，甚至無懈可擊的流線身驅，都證明了貓咪是天生的狩獵高手。

貓咪的身體構造

在你飼養貓咪之前，你必須做些功課，了解貓咪的身體構造和正常的生理機能，一旦貓咪生病了，你才能做出正確的判斷，讓牠獲得最好的照料。

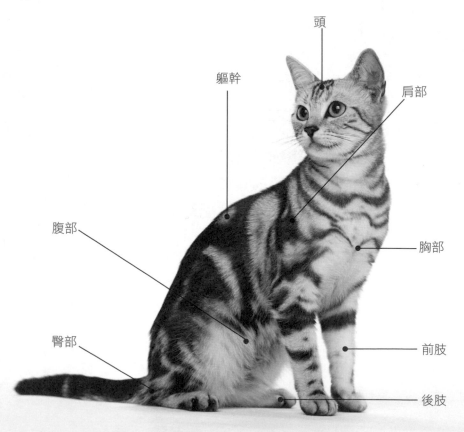

頭

軀幹

肩部

腹部

胸部

臀部

前肢

後肢

生理基本資料

心臟

　　貓咪每分鐘心跳約 130 下，將血液輸送到身體各部位，以提供氧氣和營養。

呼吸

　　正常情況下，貓咪一分鐘約呼吸 20 ～ 25 次，在寒冷的天氣裡，貓咪甚至可以加快呼吸速率來抵抗低溫。

骨頭

　　貓咪的骨頭有 244 個以上，足足多人類 38 個，這使牠的身體更有彈性，可以做出各種高難度的動作。而貓也沒有真正的鎖骨，因此肩膀可以縮得更窄，輕易地鑽入狹長的空間。貓咪強壯的肌肉更是牠飛簷走壁的主要利器。

消化系統

　　由於貓是肉食性動物，牠們的消化系統也是用來處理動物性蛋白質的，牠們胃裡的消化液極酸，腸道也比較短，所以可以很快地消化肉類。

神經系統

　　貓能成為優秀的獵人，就是因為牠的神經系統能夠根據收集到的資訊，迅速地反應決定出下一步。

生殖系統

　　貓咪不像狗有規律的發情周期，牠們總是一直在發情，加上母貓又是誘導性排卵，因此貓咪是非常會繁殖下一代的動物。根據研究，一隻母貓和牠的小孩 7 年之間可以繁殖出 42 萬隻小貓。

貓咪的外部構造

　　貓咪是很完美的動物，牠們身上的所有器官，都是為了要成為純肉食動物和優秀的獵人而準備的。貓咪身體的外部構造可以說是牠的專屬特務，將四面八方收集來的所有資料匯整，傳輸到大腦，在第一時間迅速反應。

眼睛

貓咪的眼球中有個特殊構造，可以反射外界的光線，再把適量的光線傳達到視神經。因此不論在白天或在黑暗之中，都可以看得比人清楚。

舌頭

舌頭表面有許多小倒勾，具有梳理毛髮的功能，舌頭上的倒勾可以將骨頭上的肉屑刮乾淨，理毛時也可以利用倒勾清除身上污垢。

豆知識

縮張自如的貓眼瞳孔

貓咪為了能全天候狩獵，眼睛要適應各種光線的明暗，演化上便使得牠們的瞳孔可以大幅度變化，在光線強的環境下，可以將瞳孔縮得極小；在黑暗的環境下又可以將瞳孔變大，使牠們在任何光線下都能清楚地看到獵物。

耳朵

貓的耳朵相當敏銳，可以聽見 5 萬赫茲的音頻，耳朵肌肉也很發達，可以轉 180 度，接受各個方向的聲音，耳內平衡功能可以讓貓咪從高處落下時，仍舊安全著地。

鬍鬚

貓的鬍鬚不只生長在嘴唇兩旁，眼睛上面和下巴也有。因此貓咪如果要通過任何狹窄的空間，只要是不碰觸到鬍鬚的寬度，貓都可以順利通過。

牙齒

貓咪的牙齒共有 30 顆，包括 4 顆犬牙、12 顆門牙及 14 顆臼齒，特別適合吃肉與切割肉，但家貓少有狩獵的機會，因此牙齒的功能未能充分發揮。

爪子

貓咪前腳有 10 隻爪子，後腳有 8 隻爪子，是貓咪獵食及打架的重要武器。尖銳彎曲的爪子平時隱藏在腳掌肉墊中，一旦要攻擊或遭遇危險，會伸出爪子自衛。

貓咪幾歲了？

　　幼貓出生兩週後就能夠開始爬行，1 歲的貓則算是完全發育成熟，可以進行傳宗接代的任務，所以貓咪的成長期算是相當快的。5 歲以上的貓，犬牙會開始磨損，嘴巴周圍的毛色也開始變白。8 歲後身體就會開始老化走下坡，貓咪平均年齡大約是 13 歲，當然也有少數的貓瑞超過 20 歲的。其實不論你的貓年齡多寡，重點是你如何照顧牠，以及你有沒有付出愛心照料牠一輩子。寵物的壽命長短固然重要，生活品質更是不能打折扣。

0 歲	1 歲	8 歲	13 歲	20 歲
出生	成貓	開始老化	平均貓壽命	貓瑞

小提示

1 歲的家貓相當於人類 16 歲，之後每過一年的時間，則相當於人的 4 歲。

算算貓咪幾歲

　　一般來說，家貓的平均年齡為 13 年，由於醫療品質不斷地提升、貓咪的保健用品經過研發改良、貓飼主的育貓技術愈來愈好，因此不難發現有很多貓咪都可以活到超過這個歲數。而生長在外面的貓咪，因為缺乏照顧，加上外在危險的因素很多，所以要看到歲數很大的貓咪非常不容易。

家貓年齡轉換表	
貓齡	人類年齡
1 歲	16 歲
2 歲	20 歲
3 歲	24 歲
4 歲	28 歲
5 歲	32 歲
6 歲	36 歲
7 歲	40 歲
8 歲	44 歲
9 歲	48 歲
10 歲	52 歲
11 歲	56 歲
12 歲	60 歲
13 歲	64 歲
14 歲	68 歲
15 歲	72 歲

野貓年齡轉換表	
貓齡	人類年齡
1 歲	22 歲
2 歲	28 歲
3 歲	34 歲
4 歲	40 歲
5 歲	46 歲
6 歲	52 歲
7 歲	58 歲
8 歲	64 歲
9 歲	70 歲
10 歲	76 歲
11 歲	82 歲
12 歲	88 歲
13 歲	94 歲
14 歲	100 歲
15 歲	106 歲

什麼是純種貓？

　　不同人種有不同的發源地，貓也是相同，不同的貓種來自不同的地方。例如波斯貓來自阿富汗、暹邏貓來自泰國、摺耳貓則來自英國等。雖然每隻貓都有牠自己的脾氣，但每個品種的純種貓，會有牠們特有的外表特徵和 格，因此很容易預測將來的外表和性情，這是養純種貓的好處。例如暹邏貓通常是外向多話，而金吉拉貓的脾氣較火爆些。

六個純種貓類型

　　依貓咪的體型，可分成以下六種基本類型：

類型 ① 短身型

短身型的代表貓種是波斯貓，身材較短，腰圍較寬，短尾巴和圓圓的腳掌是牠的特徵。

代表：波斯貓、喜馬拉雅貓、外國種短毛貓

類型 ② 半短身型

四肢、身體和尾巴稍比短身型貓長點。腳掌也沒有短身型來得大。

代表：美國短毛貓、英國短毛貓、捲耳貓、摺耳貓

類型 **3** 外國型

外國型一般比較修長。不過和東方型比起來，又不那麼纖細。

代表：阿比西尼亞貓、日本貓、俄國藍貓

類型 **4** 半外國型

是東方型和短身型的綜合，有圓頭短身和結實的身材。

代表：埃及貓、捲毛貓、歐西貓

類型 **5** 東方型

暹邏是其代表，手長腳長，從側面看頭部呈梨型、正面看來臉呈三角型、耳朵很大，像等腰三角型。兩眼距離很靠近額頭，身體較細長，腳掌小、脖子和尾巴都明顯地較長。

代表：暹邏貓、巴里貓、東方短毛貓

類型 **6** 體長健壯型

有別於前五種貓，通常身軀較大。

代表：緬因貓、挪威森林貓、伯曼貓

養純種貓的優缺點

優點

🐾 易於挑選

飼養純種貓，你可以很容易地根據心目中貓的體型、毛色和性格來挑選，而且通常誤差不大。

🐾 飼養條件佳

純種貓意味著你可能要去繁殖業者店裡選購，而專業的繁殖業者，由於高商業價值而大多擁有較好的飼養環境，衛生條件、營養狀況和社會化程度都會比較佳。

缺點

🐾 價格昂貴

純種貓需要購買，價錢較昂貴。

🐾 近親交配問題多

純種貓常近親交配以保留血統，因此有免疫系統缺陷、身體結構畸型等問題。

🐾 不適應台灣環境

純種貓並不是本土的原生種貓，台灣特有的氣候和環境，常令牠們發生皮膚和呼吸道疾病。

認識貓咪的血統證明書

貓名

貓種
眼色
毛色
生年月日

CERTIFIED PEDIGREE
國際公認血統證明書

Name of cat　3-ACE YVONNE
貓名

Breed　Scottish Fold　貓種　　Registration number　CCT 92050005-3　登錄號碼
Sex　F　Eye color　Gold　目色　　Date registered　05/28/2003　登錄年月日
Color　Silver Tabby　毛色　　Breeder　CHIH-CHIEN LEE　繁殖者
Date of birth　02/10/2003　生年月日　New owner　LO PEI-CHUAN　所有者

1　(parent) 父母	2　(grand parent) 祖父母	3　(great grandparent) 曾祖父母
1 sire 父	3　CFA.CH UNION HOUSE PRINCE CHARLES (Black & White) CFA 8880-981086	7　CFA.GRC SCOTLIND STORMIN NORMAN (Red Tabby White) CFA 8892-727019
MIKAWANOKO ACE-KUN		8　CFA.GRC PONT CATS JAM (Black-White) CFA 8881-706582
color Silver Tabby-White 毛色 eye color Gold 目色	4　CFA.CH LODGEHOUSE TINA (Silver Mackerel Tabby) CFA 8837-892428	9　CFA.GRC KATHAUSBLUS SAATCHMO (Silver Tabby) CFA 0736-304814
CFA 8892-1146762 No. CCT 91015019		10　LODGE HOUSE NOVA (Calico) CFA 8849-503380
2 dam 母	5　CFA.CH MACFOLDS LOGAN (Brown Tabby-White) CCT 91015009	11　MACFOLDS MAXIMILLIAN (Brown Tabby) CFA 8820-564766
3-ACE FUTURE PERFECT		12　MACKALES CATERINA (Blue Ptd Tabby White) CFA 8893-564770
color Silver Tabby-White 毛色 eye color Gold 目色	6　MIKAWANOKO BANANAN (Silver Patched Tabby)	13　CFA.CH GLOBALPEACE CHAMP (Cream Tabby) CFA 8854-537581
CFA 8893-1359407 No. CCT 91015018		14　CFA.CH SILVERCUBE YUKINOBIJIN (Silver Tabby) CFA 0737-845543

Descriptions about the litters of this cat　本貓同胞仔貓

HKI	(F)	CCT 92050005-1
VIVIAN	(F)	CCT 92050005-2
YVONNE	(F)	CCT 92050005-3
JANET	(F)	CCT 92050005-4

CAT CLUB OF TAIWAN R.O.C.
中華民國台灣・貓俱樂部

本貓實績 Record of Awards

年 月 Date	會 場 Kind & Place	審查員 Judge	組 Class	評價 Grade	賞 Award

Certify the above descriptions are all true.
以上資料確認無誤

Signature of breeder 繁殖者簽名　王文明　㊞
Recorder 登錄印長　Christine Yu
　　　　　　　　　　Jacky Lee.
President 會長　　　　　　　　　　㊞

血統欄

什麼是混種貓？

　　所謂混種貓，就是指牠的祖宗八代並不是單一品種，而是各種不同品系雜交後的結果，也因此牠們不會有純種貓近親交配的問題和缺陷。各國本土的混種貓，都是最適合當地環境氣候的最佳品種。

混種貓的外型特色

　　台灣的混種貓體型和被毛長度都和純種貓差不多，一般公貓都可以有4～4.5 公斤左右，而母貓可以有3～3.5 公斤重。而早期台灣被日本殖民時期，也因日人帶來日本貓之故，所以本地也常見有日本血統的短尾貓。

台灣常見的貓		
三色貓	橘子貓	虎斑貓

小提示

三色花貓大多數是母貓，這可能和基因遺傳有關。

飼養混種貓的優缺點

優點

🐾 救貓一命

滿街遭棄養的貓，過著不愉快又短暫的一生。如果你能帶牠們回家，無疑是救了牠的一條命。

🐾 不需花錢購買

混種貓並不需要你花大錢購買，尤其如果是從保育場領養的話。但這並不是飼養混種貓的唯一理由，一旦你領養了牠，和養純種貓是沒有兩樣的，你必須花同樣的心思好好照顧牠。

🐾 混種貓較強健

混種貓一般都比純種貓來得強健，因此選擇飼養混種貓會比純種貓來得容易上手些。

缺點

🐾 傳染病

來自街上的混種貓可能有傳染病，在你領養牠之後，應儘快帶去動物醫院徹底檢查。

🐾 不親近人類

如果你的貓來自街頭或是保育場，牠可能會對人類有不好的回憶與經驗，這或許會嚴重地影響牠的個性和脾氣，需要你花更多時間和耐心。必要時，你可以尋求獸醫師的協助。

🐾 沒有純粹血統

選擇混種貓的缺點很少，不過如果你想知道你的貓咪祖宗八代與品種，或參加純種貓展，那可能會有點困難。

豆知識

台灣混種貓的祖先

四百多年來，西班牙、荷蘭和日本人帶了不同品種的貓到台灣，這些貓和本島的山貓雜交了無數代之後，對台灣氣候環境的適應力變得較強，不好的血統，早就在物競天擇中被淘汰掉了。

挑隻速配的貓

　　每隻貓都有牠自己的習性，並不是帶任何一隻貓回家，牠就可以從此和你過著幸福快樂的日子。在帶牠回家前，最好先了解牠的狀況，才能縮短彼此的適應期。因此你必須先想清楚要養什麼樣的貓，是幼貓或成貓？短毛或是長毛貓？公的母的？希望牠的性格如何等等。

挑選一隻適合你的貓

　　雖然每隻貓都有牠不一樣的性情，但是從品種上、年齡上和性別上，你仍然可以分類出那種貓咪和你比較合適。

選擇條件	年齡		個性	
種類	幼貓	成貓	外向好動	內向文靜
特色	●可以從小開始和你建立感情，避免養成壞習慣。 ●幼貓身體比較差且容易生病，照顧幼貓會花較多時間和心力。	●如果是接手別人養過的貓，通常已有穩定的脾氣和生活模式。 ●如果是流浪貓，要花比較多的時間和耐心除去牠對人的戒心。	●喜歡和主人互動、愛說話，精力充沛，可以陪伴你無數寂寞的日子。 ●你必須花很多時間和牠遊玩，並且可能會犧牲掉你休息的時間。	●性情溫和或害羞，讓你時時感到有人陪你，卻又可以保留彼此的空間。 ●沒辦法介紹牠給你的朋友認識。
品種			金吉拉、暹邏貓、俄羅斯藍貓、美國短毛貓	阿比西尼亞貓、喜馬拉雅貓、波斯貓、摺耳貓

挑選貓不要感情用事

挑選一隻和你速配的貓，須注意的除了健康還是健康，一旦養了不健康的貓咪，不只是金錢上的損失，情感上的失落更是巨大。選貓千萬不能感情用事，不要輕易被貓咪無辜的眼神迷惑，一定要冷靜理智地挑選健康的小貓。

	性別		皮毛	
	男生	女生	長毛	短毛
	●地域性較強，對人支配意識強烈。 ●常會有亂噴尿的壞習慣。	●發情時會不斷地亂叫，必要時可以予以結紮，避免困擾。	●需天天梳毛避免打結，嚴重的毛髮糾結常會引起皮膚的問題。 ●必須更重視毛球問題，定期餵予化毛膏，避免腸道阻塞。	●短毛貓也需要天天刷毛，去除皮膚上的汙垢，促進新陳代謝。 ●如果你陪貓的時間不多，較不花時間梳理的短毛貓是不錯的選擇。
			喜馬拉雅貓、波斯貓、金吉拉	摺耳貓、俄羅斯藍貓、阿比西尼亞貓、美國短毛貓、日本貓

第 3 篇

挑選你的
第一隻貓

在全面評估過你的生活適合加入貓成員之後，
接下來你可以開始尋找和你速配的小貓。除了
外表和自己投緣外，貓咪的健康狀況和個性也
都是考慮的因素，本篇將會告訴你到哪裡挑選
一隻健康的貓，以及如何判斷貓的健康狀況。

本篇教你

- 找到小貓的管道
- 如何挑選小貓
- 如何知道小貓健不健康

挑選貓的管道

　　當你已評估過所有的因素，確定你可以擁有一隻貓咪，下一步要到哪兒去選隻合適的小貓呢？飼養貓咪不一定要花錢購買，適合自己的環境及個性的貓，比養一隻昂貴的純種貓要重要得多。

可以領養貓咪的地方

　　想養貓又不想花錢買貓的飼主，可以到住家附近的動物醫院或動物收容所詢問，應該都可以找到心目中理想的貓。

	公私立收容所或保育場	網路
優點	● 可以免費領養到可愛的小貓。 ● 可以幫助被棄養的小貓及無家的流浪貓。 ● 保育場領養的貓，大多已絕育，避免二次流浪，造成問題。	透過搜尋可以馬上找到符合你條件的貓。
缺點	● 保育場或收容所無法仔細看顧每一隻小貓，健康方面或許問題較多些，需花時間調養。 ● 小貓對人類可能有不愉快的印象或記憶，要花更多時間去除戒心。	資源太多了，更要花時間一一確定是否合適。
建議	如果真的不適合，不要因為小貓很可憐而勉強收養。	不要直接領養未謀面的貓咪，更不要在網路購買貓咪。

不要養未謀面的貓

儘可能不要領養遠距離或未謀面的貓,也不要網購小貓,因為這表示你在選貓前,沒有見過小貓及牠的父母,有可能買到的貓咪健康不佳,或者不是網路上所看到的樣貌,甚至屆時發現小貓與你不合的話,後悔都來不及了。

雖說如此,但是仍然可以先上網到認養平台上找尋自己有興趣的小貓,再到現場決定是否要領養回家。

全國推廣動物認領養平台 http://animal-adoption.coa.gov.tw/index.php/index

台灣認養地圖協會 http://www.meetpets.org.tw/about-us

	寵物店	動物醫院	友人的貓
	● 貓咪的種類有較多選擇。 ● 健康方面會比收容所佳。 ● 基本的社會化及衛生習慣多已學會,方便飼主收養。	大多數是獸醫確定健康的小貓了。	健康狀況和個性會比較清楚。
	屬於商業買賣,貓咪大多經過整理包裝,需小心辨別貓咪是否確實健康無虞。	選擇性較少,合適的貓可遇不可求。	選擇性較少。如果友人會時常問起貓咪近況,壓力較大。
	找個有多年養貓經驗的朋友同行,如果有合適的貓,問店家可否先給獸醫檢查。	雖然大多是棄養的貓,不過健康程度比收容所佳。	有機會的話,這個管道是不錯的選擇。

可以收養流浪貓嗎？

　　流浪貓是可以成為很棒的寵物的。當然牠們有時會帶來一些健康和行為方面的問題，如果你可以和獸醫配合，而家中沒有其他寵物，或者是寵物間彼此可以接受對方，那收養流浪貓會是不錯的選擇。

收養流浪貓的注意事項

流浪貓易有傳染病

　　流浪貓沒有接受預防注射，常會有傳染病，可能經由抓咬、唾液、食物共用及舔毛等行為，傳染給你家的貓，因此應該先帶去動物醫院檢查，不要貿然帶回家。

流浪貓需花錢治療

　　大多數的流浪貓都會感染內外寄生蟲，包括跳蚤、壁蝨和條蟲等。流浪貓可能被車撞傷或其他動物咬傷，治療牠們會花掉你不少的時間和金錢。

流浪貓較不信任人類

　　有些流浪貓曾在街上遭不人道對待，對人十分不信任，需要你以加倍的耐心對待。

如何接近流浪貓

　　貓不像狗只有一張嘴，貓還有四隻利爪，流浪貓對人類較有戒心，要接近陌生的流浪貓，首先得先學會保護自己不受傷。接近流浪貓的方式可比照下列步驟：

1 以溫和的聲調對牠說話，同時慢慢地靠近牠直到可伸手觸摸的距離。

2 在貓面前蹲下來，繼續對牠說話，同時仔細觀察牠的眼神和身體各部位。

3 如果貓蹲著且身體輕微顫抖，試著撫摸牠，可先從耳後觸摸。

4 如果貓接受的話，才可以繼續，摸摸下巴、搔搔耳朵都會使牠愉悅。

注意

當心貓的反應
如果貓睜大眼睛，兩耳向後方豎起，發出獨特的呻吟聲時，先停止動作不要去觸摸牠。

如何挑選小貓？

　　面對那麼多瞪著圓滾滾眼睛看著你的小貓，你一定很想把牠們全部帶回家！如何挑選合適的小貓就很重要了，牠們必須在健康、年紀和個性上都適合你才行。只要按照以下的步驟一步一步來，很快就可以找到你的速配貓。

挑選小貓步驟

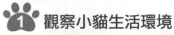 **1** 觀察小貓生活環境　　　　**2** 找出最活潑的一隻

豆知識　**分辨小貓的性別**

將小貓尾巴抬高，從後面看去，形狀像冒點的是小公貓，而像倒過來的驚嘆點的是小母貓。

公貓

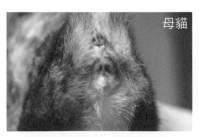
母貓

3 觀察牠和其他小貓的相處情況

4 觀察小貓的胃口

5 量量看體重有無過輕

6 從牙齒檢查年紀會不會太小

7 挑定後另外擇期帶回

注意

避免帶回染病小貓

還沒長牙的貓咪是未斷奶的小貓，一旦母奶沒有喝夠，小貓的抵抗力非常差，容易罹患疾病。此外，如果挑中了合適的貓，別馬上帶回家，先付訂金或說好一星期後再去帶，可以避免帶回已潛伏疾病的小貓。

如何知道牠健不健康？

　　不管你是到寵物店挑選或者是到朋友家選貓，先將雙手洗乾淨，和貓咪玩一玩，讓牠熟悉你了，再仔細觀察牠的健康狀況。

簡易判斷貓的健康

重點 ① 撫摸身體

摸摸貓咪的身體，看看被毛和皮膚是不是乾淨柔軟有光澤，有沒有跳蚤、蝨子等體外寄生蟲；有沒有皮屑、禿毛、或者搔癢等舉動。

Q 養到不健康的貓怎麼辦？

A：一般去有信譽的寵物店買貓都有保證期，如果買到生病的小貓，應該立刻請寵物店換隻健康的小貓。如果你難以割捨，建議你立刻帶牠去看醫生，不然這會讓你有一段很辛苦的日子，尤其第一次養貓咪的話。不過和醫生充分地配合，可以讓你不那麼無助。

重點 ② 觀察外型

耳朵
應乾淨無臭味。

眼睛
眼瞼黏膜是否紅潤無血絲,雙眼明亮有神,無分泌物。

口腔
口腔黏膜紅潤無血絲,牙齒潔白,牙齦健康無牙齦炎。

鼻子
應濕潤有光澤。

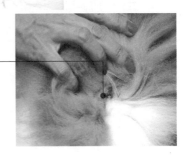

肛門
四周乾淨無糞便,若有黏到糞便表示有腹瀉狀況。

重點 ③ 查看腹部

以手掌由腹部輕輕將貓咪托起,腹部應圓潤結實但無硬塊,骨架結實。

重點 ④ 走路狀況

走路或跑步的樣子應活力充沛,無異常狀況,比如跛腳或走路歪斜等。

第 **4** 篇

歡迎貓咪
新成員

找到了理想的貓咪之後，當然得開始動腦想想，如何幫牠布置一個舒適的窩？該準備那些必需品？如何與家人相處或與其他寵物建立友誼？日常生活該如何照料？在本篇中都可以找到答案。

本篇教你

 如何給貓咪安全的生活
環境

 迎接小貓該準備的用品

 和家中成員的相處

給貓咪一個安全的家

除了傳染病外，小貓有大半數是因為意外而死亡，因此給小貓一個安全舒適的環境非常重要，在貓咪來到之前，必須確定你的居家環境對貓來說是夠安全的。貓咪是非常好奇的生物，而牠們柔軟纖細的身軀，可以自由進出家中各個角落，我們看似安全的地點，其中可能隱藏了令牠們喪命的危機。

貓咪的居家危機

門窗、電線、清潔劑、食物等等這些看似平常的物品，都可能給貓咪帶來危險。為了你的貓咪，你必須注意一些小細節，甚至改變習慣，別讓貓咪暴露在日常生活的危機中。

門窗須隨手關緊

貓是可以遊走三度空間的生物，仔細檢查任何可能讓貓跑出家門的路線，養成隨手關門的習慣。

避免貓咬電線

將家中電線管路隱藏起來，以避免家裡小貓咬電線而遭電擊。如果沒有辦法完全隱藏，可在外露的電線上噴灑貓咪討厭的味道，例如橘子皮。

別讓貓咪中毒

一般人家中對貓來說就像是充滿陷阱的叢林，檢查你的浴室、廚房和垃圾桶，收起漂白水、殺蟲劑、清潔劑或有機溶劑等瓶瓶罐罐。若有掉在地上的成藥和有毒的盆栽植物，也應該避免讓貓接觸。

貓砂盆的安置與清理

貓咪的泌尿系統是很脆弱的，如果貓咪的廁所沒有適當安排，貓咪找不到廁所或廁所不乾淨而憋尿，常常會影響泌尿器官功能，嚴重者甚至引起尿毒而致命。

 注意

會令貓中毒的物品

家裡的一些植物如百合屬和黃金葛類，對貓來說都是有毒性的植物。而人類的感冒藥中有某些成分如普拿疼或止痛藥阿斯匹靈，對貓來説都是毒藥，甚至人類愛吃的巧克力也會讓貓咪中毒，應避免貓咪誤食。

貓咪的必備用品

　　準備擁有一隻心愛的貓，你當然也得幫牠備齊日常所有生活用品，這些生活用品包括食衣住行等必需品。貓用品價格差異大，在此我們建議購買功能性足夠的用品就可以了。

10 項貓咪必備用品

　　在將貓咪帶回家之前，你必須先在家中準備好下列這些貓用物品：

必備 1 貓碗

貓碗要準備兩個，一個裝食物，一個裝水，碗的底部以不容易被貓咪翻倒為原則。每一隻貓都要有自己的碗，而且應保持乾淨。

價格：約 200 元

必備 2 貓食

問一下原飼主或寵物店，貓咪原本吃什麼貓糧，若要改換其他食物，必須先將新舊貓糧混在一起吃。

價格：約 350 ～ 500 元

必備 3 貓砂盆與貓砂鏟

貓砂盆要夠大，要有讓一隻成年貓進出以及掩埋糞便的空間，並且擺放在安靜通風的地方。有些貓砂盆會附貓砂鏟，貓砂鏟是清除糞尿凝結的貓砂工具。

價格：約 500 ～ 1500 元

必備 **4** 貓砂

貓砂有許多種類，你可以選擇環保貓砂，例如木屑砂或豆腐砂等。貓砂可分粗砂和細砂，一般來講粗砂的凝結效果比細砂差，但是細砂所揚起的粉塵又比粗砂多，對貓咪的呼吸道不好。

價格：10 公斤裝，約 500 元，約用 1.5 ～ 2 個月

必備 **5** 玩具

你可以準備小球或逗貓棒等玩具，甚至自己捏個小紙團給貓咪玩，遊戲過程不但可以消耗貓咪的精力，更是你與小貓建立感情的最佳方式。

價格：0 ～ 150 元

必備 **6** 貓窩

準備一個箱子鋪上保暖被，置於溫暖、乾淨、又安靜的地方讓貓咪睡覺。寵物店裡也有供應各式各樣的貓窩，選擇一個最適合牠的，擺放在牠喜歡的地方。

價格：約 450 ～ 2000 元

必備 **7** 磨爪板

如果你有昂貴的真皮沙發，建議你提供一個讓貓磨爪子的用具或地方，不然就換掉你的真皮沙發吧。

價格：約 100 ～ 400 元

必備 **8** 指甲剪

　　關在室內的貓，必須經常修剪爪子，如果不經常修剪，你的手必然會傷痕累累，萬一爪子長得太長也會刺進肉裡，必須到醫院處理。

價格：約 100 元

必備 **9** 梳子

無論長毛或者短毛的貓咪，都必須經常梳毛，梳毛可以清潔貓咪毛髮避免打結，還可以梳去皮屑、灰塵等雜物，更可以促進血液循環，使肌肉強健。

價格：約 250 元

必備 **10** 提籃

帶貓咪外出時的籃子，有各種款式可以選擇。

價格：約 300 ～ 1500 元

豆知識　其他的貓咪用品

- 貓草：含較多纖維，可以幫助貓咪排便順暢，更可以輕易排出胃中的毛球。
- 維他命：對挑食的貓咪來說，是重要的補給品，因為挑食的貓咪常不能從食物中獲得均衡的營養，適當地添加維他命可以彌補。
- 化毛膏：化毛膏也是幫助貓咪排出毛球的好幫手，主要是利用它的油性內容物來潤滑胃內的毛髮，刺激腸胃正向蠕動，從糞便中排出。
- 防蚤藥：市面上的防蚤藥很多，防蚤滴劑是不錯的選擇，每個月只要點一劑在貓的頸背，就可以維持長達 30 天的防蚤效果。

認識家中每一分子

　　貓和人一樣，到某個新環境時，第一件事就是認識新環境的每一分子，要學習如何和所有的成員相處。貓咪的適應力不是很好，因此帶貓回家後，應該循序漸進地幫助貓咪適應家中的人事物。

與小孩和平相處

　　有人說「小孩是貓的天敵」，那是因為小孩子容易拉扯貓咪的皮毛或尾巴，貓咪是無法忍受這些粗魯動作的。因此為了避免貓與小孩都受傷，應該告訴小朋友正確對待貓咪的方式。

告訴小朋友不要追著貓跑

　　因為貓不像狗，牠們不喜歡這樣，牠們非常害怕被追逐。

鼓勵小朋友和小貓玩遊戲

　　如丟球或小玩具和貓咪玩耍，可以幫助小貓對新的小主人建立信任感。

正確撫摸貓咪

　　告訴小朋友當他們正確溫柔地對待小貓時，會聽到很特別的聲音，而這聲音只有在貓咪非常快樂時才會發出，那表示他們已建立了新的友誼。

和其他貓見面

貓咪是領域性很強的動物，牠們不會對剛闖入地盤的新貓咪表現出友善的態度，但是熟悉對方的氣味，是一個好的開始。步驟如下：

 **從氣味開始**

先認識對方的味道是建立友誼的好方法，將新來的貓隔離在另一房間至少一兩天，讓原來的貓只聞到新貓的氣味而看不到新的貓。

2 **透過籠子見面**

2～3天後，將新貓放入籠中，打開房門讓牠們第一次見面，透過籠子認識彼此，如果有地盤性攻擊或恐懼，就將原來的貓帶離房間。

3 **持續見面與接觸**

一天可以重複幾次上一步驟，幾天後如果雙方開始有好感、或在對方出現時仍舊自在的話，可以在密切監視下，將新貓帶出籠子，讓彼此身體接觸。

4 **重複接觸避免打架**

讓牠們在房子裡各區域重複接觸以避免打架，直到你認為牠們可以安全冷靜地相處。並且記得要公平對待雙方，以避免爭寵。

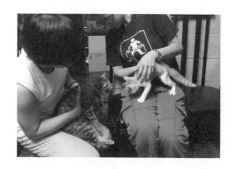

和其他寵物見面

　　貓咪是很棒的獵人，如果可以的話，請不要在家養其他的寵物。但是萬一已經有其他寵物，貓咪要如何與其他寵物接觸呢？

狗

　　可以採用前述和貓咪見面的方法。如果是比貓還小的小寵物，建議採取安全的保護措施，將牠們牢牢地關在籠子裡。

鳥

　　把牠們高高掛在貓咪碰不到的地方。

魚

　　魚缸上務必加蓋，否則在你回家後，可能會發現你的貓今天「釣況」不錯。

　　除了少數從幼貓就生活在一起的小動物，否則貓咪是不能和牠們和平相處的。

如何與貓咪建立感情？

　　千萬別急著把貓咪抱在懷中，這會嚇壞牠的。慢慢來，只要讓貓咪知道你對牠沒有威脅，對你產生信任感，你就可以開始輕輕地撫摸牠，和牠建立起屬於你們之間的親密感。

與貓咪建立感情的方法

　　與貓咪建立感情最快的方式，不外乎花時間與牠相處，相處方式有很多種，使用讓貓舒服、快樂的方式，牠很快就能夠記住你、信任你了。

幫貓咪取個名字

　　取個音節簡潔好記的名字，在每次餵飯前叫牠的名字，貓記性極佳，很快就能記住牠的名字並有所回應。

時常撫摸

　　貓咪就像你的情人，時常撫摸牠，是和牠建立感情的最佳時機。如果一邊撫摸一邊和牠說說話，可以幫助牠放鬆情緒，很快建立起信任感。

每天刷毛

基本上貓咪是不喜歡被刷毛的，尤其當金屬製的梳子硬生生地刮過牠的皮膚時。可是牠們喜歡被撫摸、被主人注意，所以只要方法正確，還是可以讓牠接受刷毛這件事。每天刷毛，不僅可以梳理毛髮、預防打結，更可以趁著梳理全身毛髮時，檢查貓咪的身體有無任何異樣，如硬塊或皮膚問題。

玩遊戲

貓咪雖然不像狗整天黏著你，不過牠們還是很喜歡跟你玩遊戲，不論是逗貓棒或只是一個小紙團，都能夠讓牠們玩得不亦樂乎，而這些日常活動，也是增進你們「親子關係」的妙方，所以沒事時可以多多陪貓咪玩耍。

豆知識　**抱貓的正確方法**

貓咪並不能忍受被人從頸背一把抓起的動作。正確的抱貓動作是用手掌從貓腹側托著貓咪的胸骨，另一隻手則抱著貓咪的臀部，並儘可能讓貓貼近我們的身體，這樣貓咪才會有安全感。

教貓咪上廁所

很多人都認為貓咪會在貓砂盆內上廁所是天經地義的事，因此對於砂盆的擺放位置、貓砂的清理及如何保持砂盆清潔都從未在意過，直到發現貓咪居然不在砂盆內上廁所時，飼主才感到震驚、憤怒及百思不解；但假使我們能對貓咪的排泄行為多一份了解，並多花點心思，就能避免類似的問題了。

貓咪的如廁習慣

貓咪對於貓砂盆的位置、樣式、味道甚至清潔都非常挑剔，如果不知道貓咪的這些習慣，可能會造成貓咪隨處大小便，增添許多麻煩。

砂盆須放在正確地方

首先你得選擇固定的地點放置貓砂盆，貓是很固執的動物，牠們總喜歡所有的事物一成不變。儘可能將貓砂盆放在安靜、少人走動的地點，如果你任意移動貓砂盆，你的貓會拒絕使用。

保持砂盆清潔

沒有人會想在惡臭污穢的廁所待上一秒鐘的。千萬不要以為用貓砂蓋住排泄物，就可以敷衍鼻子靈敏的貓咪。每天都必須將排泄物挖走，每星期要將貓砂盆整個消毒一次才行。

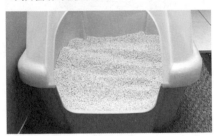

兩隻貓兩個貓砂盆

如果你有兩隻貓，建議你準備第二個貓砂盆放在另外的房間裡。貓常會認為貓砂盆是牠的，而不讓新貓在「牠」的貓砂盆上廁所，也有可能是新貓在貓砂盆上了一次廁所後，原來的貓就拒絕再用那個貓砂盆了。

訓練貓咪上廁所

由於貓咪天生會掩埋牠們的排泄物，所以訓練貓咪上廁所會比狗來得容易得多。

1 決定適當的 貓砂盆放置處

首先你得決定放置貓砂盆的地點，最好是方便貓咪進出、又不會被干擾的地方。一旦決定好地點之後，不要隨意更改，這樣會讓貓產生疑惑，而出現異常的行為。

2 帶貓到指定的 貓砂盆處上廁所

貓咪上廁所的時間大概有四種：睡醒時、吃飯前、吃飯後以及玩得很高興之後，這時候你會發現牠開始用前腳抓地板和繞圈圈，這就是牠要上廁所前的動作。將牠抱到貓砂盆上，大多數的貓咪只要接觸到貓砂，就了解這是牠上廁所的地方了。接著幾天只要如此重複訓練，很快地牠就了解廁所在那裡了。

3 每天清理貓砂盆中的 貓砂

當貓咪漸漸習慣到固定的地點上廁所之後，這並不表示你的任務結束了，你必須天天清理貓砂盆中的貓砂，將凝結的砂挖掉，才能保持貓砂盆的清潔，一方面可以鼓勵貓繼續使用，另一方面也是維持貓咪身體健康的不二法門。

辦理寵物登記

　　「晶片」是一個如米粒大小的電子晶體，內含條碼，可以經由注射器打入貓咪身體，方便判讀掃描而獲知貓咪身分。當你的貓咪注射晶片並上網辦理登記後，電腦便會列印一張 A4 大小的證書作為證明。目前除了部分縣市外，並未強制執行貓咪的晶片登記，可是萬一心愛的貓咪走失了，有晶片註記的貓可以報請各地收容所或動物之家協尋，較有希望找回你的迷路愛貓。

看懂寵物登記

　　要注意貓咪身上注射的晶片號碼是否和寵物登記證書一致，並且逐字逐句地檢查內容正確與否。

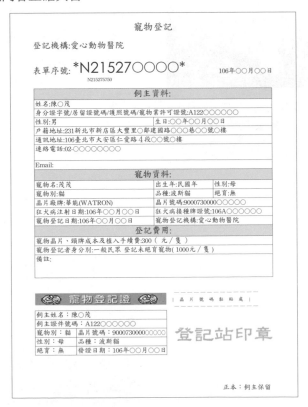

寵物登記準備文件

1. 當然是你的貓囉

2. 飼主的身分證明

豆知識

晶片注射注意事項

1. 晶片大多打在貓咪背上兩肩胛骨間的皮下組織，因為其針頭特殊設計及植入速度很快，疼痛程度和一般預防注射相當。
2. 如果貓咪走失了，因為身上有晶片號碼，可以到當地動物醫院申請協尋。
3. 晶片注射之後，請獸醫師再掃描一次，確認晶片注射無誤。
4. 有時晶片會隨著小貓成長而改變位置，請在每年預防注射時，要求獸醫師掃描以確定晶片位置。

辦理寵物登記步驟

　　貓帶回家作為家庭的一分子之後，接下來就要辦理寵物登記了。寵物登記的功能有點像是「報戶口」，宣示這隻貓從此成為你的家人了，同時也是避免愛貓走失的措施。

1 網路申辦

　　先上寵物登記管理資訊網，選擇網路申辦後將資料鍵入網站建檔，並在一週內需帶著表單(或序號)及相關證件至登記站完成寵物登記手續。寵物登記管理資訊網：http://www.pet.gov.tw/webClientMain.aspx

飼主資料		
※飼主姓名：	※性 別： ◉男 ○女	※出生日期：民國
◉ 身分證字號： ○ 居留證字號/護照號碼		
※戶籍地址： 請選擇 ▼ 請選擇 ▼ (請輸入，例：路段街里鄰鄰巷弄號之樓)		
□通訊地址與戶籍地址相同		
※通訊地址： 請選擇 ▼ 請選擇 ▼ (請輸入，例：路段街里鄰鄰巷弄號之樓)		
※聯絡電話：0、0#0、0、0 (可輸入多筆聯絡電話，例如：02-12345678、03-11223344#555、0912345678)		
E-mail 信箱：		

2 確認飼主身分以及是否已年滿 20 歲

辦理寵物登記的地點

在完成網路申辦後，系統會提供一份網路申辦電子單，該份表單內可以看到鄰近的寵物登記站資料。或者也可以利用寵物登記管理資訊網的《各登記機構查詢》功能查詢相關訊息。

3 植入晶片

4 繳交登記費並取得寵物登記證明，完成登記

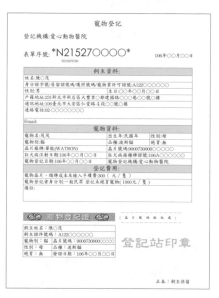

寵物登記

登記機構:愛心動物醫院

表單序號: *N21527○○○○*   106年○○月○○日

N21527570

飼主資料:

姓名:陳○茂	
身分證字號/居留證號碼/護照號碼/寵物業許可證號:A122○○○○○○	
性別:男	生日:○○年○○月○○日
戶籍地址:231新北市新店區大豐里○鄰建國路○○○巷○號○樓	
通訊地址:106臺北市大安區仁愛路4段○○號○樓	
連絡電話:02-○○○○○○○○	

Email:

寵物資料:

寵物名:茂茂	出生年:民國年 性別:母
寵物別:貓	品種:波斯貓 絕育:無
晶片廠牌:華瑞(WATRON)	晶片號碼:90007300000○○○
狂犬病注射日期:106年○○月○○日	狂犬病接種牌證號:106A○○○○○○
寵物登記日期:106年○○月○○日	寵物登記機構:愛心動物醫院

登記費用:

寵物晶片、頸牌成本及植入手續費:300（元／隻）
寵物登記者身分別:一般民眾 登記未絕育寵物(1000元／隻)
備註:

🐾 寵物登記證 🐾   晶片號碼黏貼處

飼主姓名:陳○茂	
飼主證件號碼:A122○○○○○○	
寵物別:貓 晶片號碼:90007300000○○○○○	登記站印章
性別:母 品種:波斯貓	
絕育:無 發證日期:106年○○月○○日	

正本:飼主保留

Q 寵物登記要花多少錢？

A: 寵物登記費用包括晶片植入費（300元），登記費（已絕育500元，未絕育1,000元）。但各縣市為鼓勵飼主為寵物登記，依照各自的規定有不同的收費標準，如台北市就有免登記費僅收取晶片植入250元的優惠，詳情可上各縣市的動保處查詢。

認識獸醫

　　除了你之外，獸醫是你的貓咪這輩子最重要的人，貓咪是很敏感、很能忍痛的動物，更因其動物本能不輕易地顯露病態，害怕因此被攻擊，所以一旦生病了，有可能因為隱藏症狀而延誤病情。獸醫師的專業正好可以幫助飼主仔細檢查貓咪身體狀況，並給予適當的建議。

獸醫的專業功能

　　一帶小貓回家後，你必須儘快找時間到動物醫院報到，幫小貓做健康檢查。獸醫師會告訴你小貓是否健康、體溫體重是否正常，以及安排小貓預防注射的時間表。

獸醫可以為貓咪做什麼？

A　記錄體重及體溫
B　聽聽貓咪的心音和呼吸音有無不正常
C　檢查眼耳鼻及肛門有無異常分泌物
D　檢查是否有先天上的畸型
E　牙齒咬合是否正常、牙齦顏色是否正常
F　內外寄生蟲的檢查

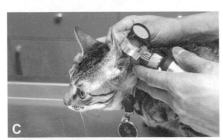

獸醫可以為飼主做什麼？

A 安排驅蟲及預防注射的時間表

B 提供如何餵飼才符合健康及營養的建議

C 貓咪教養及行為矯正上的指導

D 教你如何布置安全舒適的環境

Q **什麼時候該找獸醫？**

A： 當你發現貓咪的食慾變差或精神萎靡，又找不出原因時，請帶著貓到動物醫院讓獸醫徹底檢查，找出病因並加以治療，千萬別耽誤了治癒牠的黃金時間。

第 5 篇

貓咪吃什麼？

貓咪是肉食動物，不過進入人類社會幾千年
來，牠們已經慢慢變成了半雜食動物了。但無
論如何，牠們還是需要某些特定的營養成分，
以維持正常的身體機能。

本篇教你

 了解貓咪的基本營養

 貓咪可以吃什麼

 認識市售貓食

 如何餵養貓咪

貓咪的基本營養

　　不同年齡的貓咪，所需的營養比例是不同的，不論是乾糧或貓罐頭、市售產品或是自己在家烹調，都應該儘可能在營養成分上，接近完美貓食。

貓咪需要的熱量

　　貓咪每天需要的熱量，是以體重乘以 70 ～ 90 來算的，完全成熟的貓咪體重約 3 公斤，每天需要的熱量約 210 ～ 270 大卡。而懷孕後期以及哺乳期的母貓，則需要更多的熱量，才足以供給小貓的營養。貓的所需熱量計算公式如下：

貓咪一天所需熱量			
貓咪狀況	一般貓咪	懷孕母貓	哺乳母貓
需要的最高熱量	體重 ×90	體重 ×90×1.5	體重 ×90×3
需要的最低熱量	體重 ×70	體重 ×70×1.5	體重 ×70×3

實例

母貓 Toki 一歲大，體重 4 公斤，牠一天所需要的熱量是：
最高熱量：4×90 = 360
最低熱量：4×70 = 280
Toki 一天所需要的熱量應介於 280 大卡到 360 大卡之間。

Toki 懷孕後體重增為 5 公斤，牠一天所需要的熱量則是：
最高熱量：5×90×1.5 = 675
最低熱量：5×70×1.5 = 525
Toki 懷孕時每天所需的熱量介於 525 大卡到 675 大卡之間。

※ 體重的單位為公斤、熱量單位為大卡

Q 貓咪一天吃幾次？每次該吃多少？

A：一般而言貓咪 4 個月以前，可以一天餵牠們 4 次，6 ～ 8 個月則一天 3 次，8 個月以上改成一天 2 次就可以了。至於每次該吃多少，由於品牌不同、熱量亦有差異，可以參考貓食外包裝的建議量，當然也需視貓咪的活動量予以調整。

貓咪需要的營養

　　貓是絕對的肉食主義，千萬不要因個人因素要求貓咪配合吃素，也不要餵牠吃狗食。貓咪所需要的基本營養，包含了以下成分：

貓咪所需的營養成分		
營養成分	說明成分	比例
蛋白質	貓在成長時需要動物性蛋白質含量很高的食物，才能應付牠的日常活動所需。貓咪所需的蛋白質，必須直接添加於食物中，例如牛磺酸能預防牛磺酸缺乏所造成之眼盲、不孕症及先天性心臟神經發育不良。	占飲食總量的 30～35%
脂肪	脂肪是貓的主要能量來源，貓咪能有效地吸收並代謝脂肪，若缺乏必須脂肪酸，可能會產生成長遲緩、毛髮乾燥粗糙、皮屑多、精神不好等等。	占食物總量的 15～40%
碳水化合物	碳水化合物包括醣類、澱粉、纖維素，雖然不是貓咪必要的養分，但醣及澱粉可作為能量來源，是貓咪乾糧的基本原料。纖維素無法消化，但能防止便秘、減少卡路里，因此在老貓、減肥貓的食品配方中，應該有較高比例的纖維素。	約占食物總量的 30～40%
維生素	•**維他命 A：** 貓咪無法自行將胡蘿蔔素轉化成維他命 A，缺乏維他命 A，可能會有皮膚、眼睛的健康問題。因此必須給貓咪含有豐富維他命 A 配方的市售飼料，每週可補充一兩次肝臟類食物，經獸醫指示可視情況給綜合維他命或魚肝油。 •**維他命 B：** 貓對維他命 B 需求比狗多約 2 倍的量，一般市售飼料，應該都有添加維他命 B 群，健康貓咪的腸道也會自行合成，所以不需特別補充。 •**維他命 E：** 平常吃多樣化的食物就可以補充足夠的維他命 E。	微量

注意

不可用氫化椰子油

貓咪的脂肪來源主要為動物油、植物油、肥肉雞皮等，但不能用氫化椰子油！天然椰子油經過氫化，可以耐高溫、耐保存，但對貓咪身體殺傷力很大，可能會導致癌症、自體免疫、過敏，甚至心血管堵塞等問題。

貓咪可以吃什麼？

　　你可以在超級市場或寵物店找到各式各樣的貓食，這些貓食都可以提供貓咪適當的營養。有些人完全信賴這些商品，有些人會添加新鮮食物，更有人寧願花時間烹調給心愛的貓吃。無論如何，都要注意有些食物對貓有益，有些卻會令貓咪中毒。

調理美味貓食

　　你可以自行調理美味的貓食，只要使用各種新鮮的肉類和蔬菜，加上適量的維生素和礦物質即可。手工調理的貓食不但比市售貓食美味，並且不含任何化學添加物和防腐劑，是無可挑剔的選擇，不過要注意可能會因忽略某些營養素而出現健康問題。

選擇正確的食物

　　下面這些食物，你知道哪些可以選擇，哪些應該要避免的嗎？

☑生蛋黃
含有維生素 A 和蛋白質，可以提供貓咪適當的營養。

☒生蛋白
會破壞生蛋黃中的生物素，抑制生物素將妨礙貓咪的成長和毛髮的光澤。所以生蛋白不能和生蛋黃一起吃。

☒生魚
含有破壞維生素 B1 的酵素，貓咪會有維生素 B1 不足的情形。

☑熟雞胸肉
可補充動物性蛋白質。

注意肉類的營養

紅肉類最好不要過度烹煮，因為這會讓其中豐富的維生素流失60%以上。而白肉類則要煮熟，避免細菌滋生引起食物中毒。

定期餵食化毛膏

餵食化毛膏的目的是避免貓過度理毛而造成腸阻塞。理毛不只是貓咪清潔身體的習慣，更是紓解壓力的方法，但是舔毛的過程中，貓咪會吃進大量毛髮，定期餵食化毛膏或貓草，是避免牠們腸阻塞的不二法門。

豆知識

貓是滿固執的動物，常常只喜歡吃某一種食物，而對其他食物毫無興趣。

小零嘴作為獎勵

大多數的貓都會喜愛寵物店所賣的貓咪專用零嘴，在貓咪日常生活的訓練過程中，可以給予小零嘴作為獎勵。不過不宜頻繁餵給，以免影響正餐或養成挑食的壞習慣。

注 意

會令貓咪中毒的食物

貓咪的肝臟不像其他動物，有完整的功能，因此毒性容易累積在身體中，造成中毒現象。有些食物或藥物是絕不能讓貓咪碰到的，例如巧克力、洋蔥、大蒜、普拿疼等。

認識市售貓食

　　不論是超市或是寵物店，你都可以找到各式各樣、琳瑯滿目的貓食，市面上的貓食分成乾貓糧和貓罐頭兩種，可以依貓咪的需求來調整食用的比例。

乾貓糧

　　乾貓糧就是一般所說的貓餅乾，由於方便快速又經濟，大受飼主的歡迎。挑選乾貓糧要注意包裝上的標籤有無不必要的添加物，應挑選純肉為原料，避免肉類再製品。

優點

😺 由廠商生產的貓餅乾，大多數都含有均衡的營養素，並有不同成長階段的配方，可作為貓咪平日主食。

😺 貓餅乾硬脆的口感，能按摩貓咪牙齦、清潔牙齒、預防牙結石、減少口臭，還含有多量的纖維素，可促進消化。

😺 由於含水量很低（約10％），故保存容易，因此外出一兩天也不必擔心碗裡的貓餅乾變質。

缺點

😺 品質差異大，品質差的甚至不含太多肉類，反而加了防腐劑、色素、化學香料等，甚至有些肉類來源不清或含有抗生素和生長激素。

😺 貓餅乾會隨著存放的時間而逐漸散失必需脂肪酸，因此要存放在乾燥陰涼的地方。 買時注意食用期限，距離製造日期愈近的愈好。

😺 只吃乾燥貓食會造成脂肪、蛋白質、水分攝取不足，因此對有腎臟泌尿問題的貓咪，更會造成健康負擔，必須補充其他食物，並隨時供給乾淨的水。

乾貓糧的種類

市售的貓糧有很多種類，而這些產品的功能也不盡相同，例如化毛餅乾可以幫助貓咪排除消化道裡的毛球，減肥餅乾的高纖低熱量可以控制貓咪的體重，懷孕母貓餅乾則因為含高單位的蛋白質和其他營養成分，可以提供胎兒發育的營養和母貓的泌乳來源。

貓罐頭

貓罐頭可以單獨餵食，也可以拌入乾貓糧，增加嗜口性及水分含量。罐頭不像乾糧容易看出有無變質，買時宜注意有效期限，以免貓咪吃了影響健康。

優點

- 嗜口性最佳、也最昂貴，幾乎是所有貓咪的最愛。
- 罐頭大約含有 75％的水分，內容以各式肉類、魚類為主，含有豐富的動物性蛋白質、脂肪、高卡路里。
- 未開的罐頭能保存很久，平日可搭配貓餅乾使用。

缺點

- 開罐後容易腐敗，必須放冰箱保存，食用時再加熱，或是購買小罐裝（較精緻也較貴）。
- 罐頭製作時的加熱程序，會破壞某些營養素，例如維他命 B1、牛膽氨基酸等，所以要特別注意成分標示，是否有說明添加養分。
- 由於品牌種類繁多，應先詳閱標示再選購。

如何餵食幼貓？

　　小貓的成長速度快，因此牠在食物中所需要的蛋白質、脂肪和熱量，都比成貓所需要的營養高很多。在挑選小貓的食物時，應注意是否為專門設計給小貓吃的貓食。在關鍵的成長發育期，如果營養不足，常會造成貓咪一輩子無法彌補的健康問題，例如生長障礙或智能不足。

餵食幼貓的基本原則

　　由於幼貓還在發育，因此餵食幼貓有一些基本原則必須遵守，不能隨便亂餵食，否則反而會害幼小的貓咪身體不適。

原則 ① 少量多餐

　　由於小貓消化道較短且成熟度不夠，宜少量多餐減輕消化道的負擔，否則容易發生嘔吐及腹瀉的問題。

原則 ② 挑選幼貓專用貓食

　　很多人以為只要小貓斷奶後，就可以任意餵食，其實成長中的幼貓對營養需求是很嚴格的，一旦吃得不好或吃得不對，都會對小貓健康及成長造成傷害。所以在帶回小貓時，建議和原飼主或獸醫師討論哪種貓食最適合牠。

原則 ③ 不宜任意變換食物

　　小貓的腸道有益菌尚未發展健全，如果任意改變貓食，常會造成小貓下痢的問題。若需要改變食物，宜循序漸進，剛開始新舊貓食以 1：9 餵食，並以十天為期程，慢慢轉換成新貓食。如果仍有腹瀉現象，則和獸醫討論是否要放棄新的貓糧。

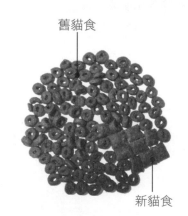

舊貓食

新貓食

如果你不知道每天應該餵給幼貓多少食物，可以參考以下表格加以衡量：

幼貓的食量			
每日所需　　　貓齡	4 個月以下	4～6 個月	6～9 個月
每天所需熱量	每公斤體重需180～250 大卡	每公斤體重需110～140 大卡	每公斤體重需80～100 大卡
每天餵食餐數	4 次	3 次	2 次

貓食熱量	
乾貓糧	每杯 400 大卡
貓罐頭	每杯 250 大卡

實例

小貓 Miyu 三個月大，體重 2.5 公斤，一天餵 2 次貓罐頭。
Miyu 一天所需要的最少熱量大約為 450 大卡（2.5 公斤 ×180 大卡）
Miyu 每次需要吃至少 225 大卡（450 大卡 ÷2 餐）的熱量

貓罐頭每杯約 250 大卡
因此 **Miyu 每餐約吃一杯九分滿（225 大卡 ÷250 大卡 ×100％ ＝ 90％）**
的貓罐頭，一天需要吃 **2** 次，才足以提供牠所需要的熱量。

不滿兩個月的幼貓怎麼餵？

A：若要餵養未滿一個月的小貓，可以到寵物店買貓奶粉與嬰兒食品，以水沖泡奶粉後，和嬰兒食品拌在一起用湯匙餵食。小貓一個月大左右長牙，就可以開始吃硬乾糧，可以用泡軟的乾貓糧及貓罐頭混合餵食。

如何餵食成貓？

　　貓咪一旦成年以後，就不適合再餵食高營養比例的幼貓貓食了，貓咪成長後，新陳代謝會轉趨穩定，過高的營養反而會造成身體不必要的負擔。

年輕成貓餵養原則

　　成年後的貓咪，會漸漸發現牠的生活不是只有吃和睡覺，所以你會發現牠開始變得比較不專心吃飯，然而不正常進食會影響牠的營養均衡及健康，因此你需要用一些餵食技巧讓牠正常進食。

原則 ① 定時定量

　　貓碗中隨時有食物會讓貓吃飯不專心，甚至養成挑食的壞習慣。一天餵貓兩次定量食物，並且在 10 分鐘後收走，貓咪只要錯過了用餐時間，就得等下一餐，這樣可以訓練貓咪專心吃完碗中的食物，你也可以知道貓咪的胃口如何、有沒有生病等等，更可以防止貓發胖。

原則 ② 餵食成貓專用貓食

　　成貓的營養需求與狗或人都不同，切勿餵狗食或人類吃剩的食物。長期錯誤的飼養會造成貓咪營養失調，危及生命健康。此外，也不可以餵牠吃幼貓專用的貓食，因為幼貓的營養比例高於成貓的需求，會造成身體負擔。

原則 ③ 保持貓碗的清潔

　　貓咪是很龜毛又有潔癖的動物，一旦牠的貓碗不乾淨，牠會拒絕喝水甚至拒食，因此要常保持貓碗的清潔，一兩天就要徹底清洗一次。

老年貓餵養原則

　　就像人老了一樣，貓咪的牙齒會隨著年老開始退化，消化道的功能也不如年輕時完善，腸胃蠕動變得較緩慢，吸收和消化的速度也變差了。因此正確的飼養方式，是讓老貓可以活得更久更好的重要關鍵。

原則 1 提供軟一點的食物

　　老貓的牙齒大多有牙齒脫落或口腔疾病，這些都會影響牠們的食慾。你可以提供較軟的食物，如罐頭或將乾糧用溫水泡軟再餵食，會比較容易入口。

原則 2 提供高纖食物

　　老貓的飲水量較少，加上腸道蠕動速度變慢，常有便秘的問題。提供高纖貓食可以刺激腸道的蠕動、幫助排便，或者利用市售的化毛膏也有同樣的效果。

原則 3 提供味道重的食物

　　由於嗅覺和味覺的退化，老貓常常會對食物失去興趣，你可以在乾糧中加入罐頭貓食，甚至完全換成貓罐頭，因為罐頭食物的味道較重，可以刺激老貓的食慾，更可以補充不足的水分。

原則 4 提供低熱量貓食

　　老貓的身體新陳代謝機能變慢，因此無法完全消耗攝取的熱量，容易造成體重過重。過胖的貓常會有心血管和關節方面的毛病，若能慢慢轉換成低熱量的老貓貓食，則可以預防這些問題。市售老貓貓食可以提供完善的營養成分，熱量只有成貓貓食的 80 ～ 90%。

第 **6** 篇

日常清潔與護理

很多人都會將貓咪交給寵物店處理洗澡美容的工作，其實如果主人有時間，幫貓咪洗澡刷毛可是你跟牠促進感情的「親子時間」喔。在幫貓咪洗澡時，你可以順便幫貓咪全身檢查，看看有無外傷或皮毛的任何病變，更可以在刷毛的過程中，讓牠慢慢習慣被撫摸，減少對人的不信任感。

本篇教你

🐾 如何挑選好的動物醫院
　和寵物店
🐾 如何幫貓刷毛
🐾 如何幫貓剪指甲
🐾 如何幫貓洗澡
🐾 如何幫貓清耳朵
🐾 如何幫貓刷牙

動物醫院與寵物店的功能

　　生病了就要看醫生，這是養小動物的義務，也是必要的花費，千萬不要認為貓的生命力強、或為了省錢而延誤了就醫的黃金時間，白白犧牲貓咪的健康。除了動物醫院外，寵物店則可以提供所有貓咪的日常生活用品，也可以解決貓咪洗澡美容的問題。

動物醫院能幫貓咪做什麼？

　　動物醫院就像是貓的家庭醫生，從你帶貓咪回家那天起，獸醫就和你以及你的貓咪關係密切，負責照顧牠的生老病死。

1. 提供專業的醫療諮詢

　　當你在照顧貓咪時，遇到任何生活習慣的問題、或注意到貓咪身體有任何不適，你都可以打電話或直接帶貓咪到動物醫院請教醫生，千萬不要道聽塗說，耽誤病情。

2. 安排預防注射時間表

　　獸醫師會仔細檢查小貓的身體狀況，評估是否適合施打疫苗，這也是安全施打疫苗的唯一方法。

3. 晶片注射

　　動物醫院可以提供晶片注射及寵物登記的服務。

Q 小貓多大可以施打疫苗？

A: 小貓大約 8 周大時開始施打疫苗，30 天後再打第二劑，之後每年補強一次疫苗注射。接種疫苗時需注意小貓的身體狀況是否健康，如果小貓身體狀況異常是不適合打預防針的。

4. 醫療業務

　　舉凡有關貓咪的治療，從一般的疾病如感冒、拉肚子，到重大外科手術如腫瘤切除、骨科手術處理等，在動物醫院都可以獲得妥善的治療與照顧。

5. 住院服務

　　如果貓咪生病需要特別留院照顧，動物醫院可以提供住院的服務。在住院期間隨時有醫生護士照顧，突發狀況可以馬上處理。

寵物店能幫貓咪做什麼？

　　寵物店的功能和獸醫有所區隔，專門負責貓咪的日常生活起居，所有在生活上用得到的食物或玩具，以及清潔美容，你都可以從寵物店得到完善的服務。

1. 販賣小貓

　　你可以在寵物店找到各個品種的貓咪，不過寵物店良莠不齊，宜注意是否有良好的信譽及合法證照。

2. 美容

　　有些寵物店會附設貓咪美容，幫貓咪洗澡、剪毛、清耳朵及修指甲等服務，幫你的貓咪打理得漂漂亮亮的。

3. 提供貓咪日常用品所需

　　養育小貓需要的飼料、貓砂、玩具、零嘴和各種營養品，都可以在寵物店買得到。

4. 住宿

　　有些寵物店有提供貓咪住宿的服務，如果你要出遠門又找不到合適的朋友可以幫忙照顧，這是個解決的好方法。

挑選好的寵物店

　　除了動物醫院外，寵物店也是你的貓咪在生活上不可或缺的地方。它可以提供飼養貓咪的所有用品，更附設美容服務，讓你的貓咪外表煥然一新。不過寵物店到處都是，如何挑選一家好的寵物店，是把貓咪照顧好的一大條件。

四個挑選寵物店的訣竅

　　挑到一家好的寵物店，是促進貓咪一生幸福的基礎，不過坊間寵物店林林總總，如何知道那是一家適合你家貓咪的寵物店呢？以下有四個作為挑選寵物店的訣竅。

1. 會不會離家太遠

　　好的寵物店最好像你家附近的便利商店一樣，可以就近買到貓咪的用品，和獲得正確飼養方式的知識，同時也容易帶你的貓去洗澡美容。若每次洗澡美容都得長距離坐車，貓的壓力會很大。

2. 寵物店的環境衛生

　　寵物店的環境是否光線明亮、通風良好，都關係著貓咪的情緒，店內的美容設備和工具，是否隨時保持乾淨清潔，更是貓咪健康的保障。先探探看寵物店會不會臭氣薰天？空調是否完善？這些都是一家好的寵物店最基本的要求。

3. 和貓咪的相處情形

　　帶貓咪到寵物店，可以觀察看看店內員工和貓咪的互動，看得出員工是不是真心喜歡動物。如果貓咪在店內會躁鬱不安，可觀察店內員工如何安撫貓咪，也可以藉此看出員工的專業度。

4. 洗澡美容是否仔細

　　第一次把貓咪交給寵物店洗澡前，問問是否可以在旁觀看別隻貓的美容過程，觀察美容師動作熟不熟練、如何安撫不安的貓咪，以及剪毛、修毛是否溫柔。由於洗澡時很容易注意到貓咪身體的問題，有經驗的美容師會仔細檢查有無皮膚異樣，並建議飼主帶貓咪就醫治療。

　　一間好的寵物店會給你貓咪日常生活的諮詢建議，而不會只顧著推銷產品。

幫貓咪刷毛

從小讓貓咪習慣刷毛，可以避免長大不讓人碰的問題。此外和其他寵物比起來，貓咪能忍受極大的痛苦，平常不易表現出來，這時貓主人的觀察就變得很重要，尤其是梳毛時，最容易發現體外寄生蟲和皮膚病。

刷毛的工具

針梳

針梳的針很細，容易刺傷皮膚，所以使用上要十分注意，大多數討厭被梳毛的貓咪，都是不正確使用針梳的結果。使用針梳不宜用握的，應以姆指、食指和中指一起夾著梳柄，固定住手腕，輕輕地順著皮毛梳理。

平板梳

使用平板梳要從粗目依序至細目，長毛的品種，要用單手抓住毛根處來梳。直接使用細目的梳子勉強將毛梳開、或是將長毛一口氣梳下來是行不通的。梳子要與被毛角度成 90 度，不可太用力，以梳子的重量慢慢順下來即可。

豆知識

刷毛的好處

1. 經常幫貓刷毛可以梳掉身上的死毛，否則這些死毛在貓咪整理身體的時候，全會被牠舔進肚子裡，很可能造成腸道阻塞。有些貓咪很討厭讓人撫摸，如從小接受刷毛的訓練，可以讓牠習慣被人接觸，萬一生病也容易配合治療。
2. 愈早開始讓貓咪接受定期刷毛的習慣愈好，因為小貓對新的經驗學習和容忍性都比大貓好很多。

刷毛的方法

　　幫貓刷毛依長毛貓與短毛貓，有不同的刷毛方法，若發現貓毛嚴重打結，可以帶去給專業美容師處理。

　　剛開始可以將貓咪放在大腿上，花一分鐘時間輕輕梳理牠的被毛，並以溫柔的聲調對牠說話，給予牠「你會變得更漂亮」等讚美，甚至配合小零嘴獎勵，讓牠在過程中感到快樂。

長毛貓刷毛步驟

 將毛順梳處理打結。

 將毛逆梳讓毛蓬鬆。

3　輕輕梳理腹部的毛，如果有嚴重的打結是你無法處理的，可以找專業美容師。

短毛貓刷毛步驟

　　幫短毛貓刷毛不像長毛貓那麼繁複，重點在於刷去身上多餘的死毛，一支簡單的毛刷就可以得心應手了。用較快的速度和較重的力量來梳理被毛，在你刷除多餘死毛的同時，你可以輕易地檢查出貓的皮膚有沒有任何體外寄生蟲或病變。

幫貓咪剪指甲

　　爪子是指骨末端的部分，由皮膚演化而來，中間含有血管組織分布。爪子的細胞不斷地分裂生長，會藉貓咪運動而脫落，如果沒有適當磨爪，爪子常會過度生長而刺到腳掌。有時指甲太長，容易勾到其他東西，從根折斷造成出血。寶貝你的貓，適時修剪指甲是非常重要的。

貓指甲不可修剪的部分

貓指甲可修剪的部分

別幫貓去爪

千萬別帶你的貓做去爪手術，這是非常殘忍痛苦的事。如果你無法忍受貓咪抓傷家具，又不願花時間修剪牠的指甲，只想找捷徑拔去貓的爪子，你就沒有資格養貓！

修剪貓指甲

　　在修剪貓爪之前，你必須讓貓習慣被人推爪子的動作，才不會受到驚嚇而亂抓，反而讓你自己受傷。在貓咪習慣後就可以剪指甲了，你可以照著下面的流程一步一步慢慢來：

1 撫摸與輕按腳掌

　　每天花時間撫摸你的貓，並溫柔地碰觸牠的腳，如果可以的話，輕輕地按牠的腳掌，讓牠伸出爪子幾秒鐘，並加以稱讚和獎賞小零嘴。

2 推出爪子觀察

　　幾天後，如果貓咪不掙扎的話，將爪子推出並仔細觀察，你可以看到爪的前端呈透明狀，這就是要修剪的部分，至於粉紅色的部分千萬不要剪到，因為裡頭布滿血管，不慎剪到會弄痛貓咪造成出血。重複輕輕擠壓爪子，讓貓咪習慣這個動作，還不要急著修剪。

3 嘗試剪一隻指甲

　　如果貓咪能接受前面的動作，你可以開始試著剪一隻指甲看看，絕對不可以剪到粉紅色的部分，否則你這輩子就別想再幫你的貓剪指甲了。

4 剪去白色的指尖

　　剪指甲時只要剪去指尖的白色透明部分，當然不是所有的貓指甲都是白色的，如果你的貓咪指甲是黑色的話，只要修去爪子尖尖的部分就可以了。

豆知識
請美容師或獸醫代勞

如果剪貓爪的過程讓你和貓咪非常緊張的話，不要勉強，交給專業的美容師或獸醫師，如此可以維持貓咪對你的信任感。

幫貓咪洗澡

貓咪是很有潔癖的動物，總是把自己整理得乾乾淨淨的，所以不怎麼需要洗澡。如果你覺得光靠牠的舌頭，不能滿足你的清潔標準，你還是可以幫牠洗個澡。但是貓咪非常討厭碰水，建議你趁牠還小，儘快訓練牠洗澡，畢竟三個月大的貓，力氣和接受度都會比兩歲大的成貓好應付。

洗澡前的準備

幫貓洗澡時不可貿然把貓丟進水裡，應該先準備好各種洗澡需要的東西，再讓貓習慣水與吹風機，讓貓咪不恐懼洗澡。

1. 備齊洗澡必須的東西

包括各種梳子、貓用指甲剪、棉花棒、脫脂棉、針梳、貓用洗毛精、浴巾、吹風機和牙刷等。

2. 洗澡前先修剪爪子和梳毛

洗澡前先修剪爪子，以免洗澡時因為貓的掙扎而被貓抓傷，同時把糾結的毛先梳開以及清除身上的死毛。

Q 為什麼貓不喜歡洗澡？

A： 貓通常都不喜歡碰水，尤其是洗澡。討厭的水柱朝著身體沖來，連最敏感的腳掌都感覺到刺激，會令貓緊張兮兮地想逃。洗完澡後的吹乾被毛，更是貓主人和貓共同的惡夢，牠們只要一聽到吹風機開啟的聲音，不是拼了命想逃，就是非常生氣。

3. 習慣吹風機

　　打開吹風機，讓貓咪習慣吹風機的聲音。

4. 準備澡盆

　　如果是在家洗澡，可準備一個讓貓的身體可以完全進入的澡盆，在澡盆底放張橡皮墊，可以增加摩擦力，防止牠滑倒並避免恐懼。

5. 輕碰溫水

　　將貓咪抱進澡盆中先不要放水，一邊輕聲鼓勵牠勇敢，一邊不忘給點零嘴賄賂。用手杓點水到貓身上，並輕輕撫摸牠的背。注意絕不可以將貓放在水龍頭下沖或用蓮蓬頭直接噴牠，可將蓮蓬頭貼近貓身或直接將貓輕輕放入裝了溫水的小澡盆中。

6. 習慣澡盆與溫水

　　讓貓咪在澡盆多待幾分鐘，抱牠出來時輕輕地用浴巾擦乾，先不要用吹風機，否則會讓牠第一次洗澡就嚇走所有愉快的感覺。連續這樣訓練幾天。

幫貓洗澡步驟

在前頁練習讓貓咪習慣碰水之後，接下來要開始洗澡了，跟著以下的流程做，注意洗澡時要一邊溫柔地讚美與安撫貓咪，你的貓咪才會乖乖讓你洗澡。

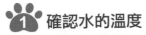 **確認水的溫度**

將水倒滿澡盆，水溫大約攝氏38度左右，用手觸摸不會太燙。

 **先清洗耳朵和肛門**

用脫脂棉沾濕橄欖油或嬰兒油，輕輕擦拭耳朵四周。再以姆指和食指擠壓肛門兩旁腺體中的分泌物。

3 用專用洗毛精清洗

將貓用洗毛精稀釋3倍，倒在背上塗抹全身，順著毛生長的方向抓洗。若尾巴很髒，可以用刷子刷洗。用牙刷沾上洗毛精刷洗臉部，不要刷到眼睛，洗澡前可以點些油性眼藥水，防止洗毛精進入貓咪眼睛造成不適。

🐾4 沖洗身體

　　用蓮蓬頭貼著身體，從脖子下把洗毛精沖掉，要徹底沖洗乾淨。如果是長毛貓，再用稀釋 20 倍以上的潤絲精澆淋全身，洗髮精、潤絲精要徹底沖洗乾淨。

🐾5 擦乾身體

　　順著毛生長的方向除去身上的水，用浴巾包裹 3 ～ 5 分鐘，將水分充分吸乾。

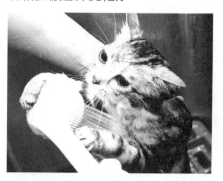

🐾6 用吹風機吹乾

　　在洗澡的準備過程中，貓咪應該已經習慣吹風機的聲音，這時可以一邊抓理毛髮，一邊用吹風機吹乾。長毛貓需先從胸前的被毛開始吹整，腳上的毛髮則以反方向吹乾。

豆知識

慎選店家幫貓洗澡

如果你真的搞不定你的貓，可以送到寵物店洗澡，寵物店大都備有烘箱，可以避免貓對吹風機的抗拒。不過有少數的貓是極度厭惡碰水的，在不得不洗的狀況下，有些寵物店會先以藥物麻醉，這麼做其實很危險，說不定會因此失去心愛的寶貝貓，因此要非常小心選擇幫貓美容的店家。

耳朵和眼睛的清潔

　　眼睛和耳朵對貓而言都是很重要的感覺器官，如果發生問題，對貓的日常生活會造成極大的不適應，因此平日對耳朵和眼睛的護理保養要非常注意。眼睛和耳朵構造很精細，學習正確的清理方法，是做個好貓主人的必備技能。

眼睛的日常清潔

　　貓咪眼睛會有分泌物，常是感染造成的，尤其是換毛季節，常因為毛髮飄進眼球而感染，因此眼睛的日常清潔十分重要。

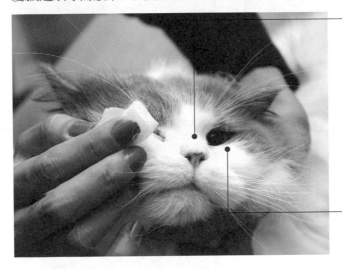

扁鼻子貓如波斯貓或喜馬拉雅貓等，鼻子位置較低、淚腺較窄，需特別注意眼睛下緣的污垢，最好能每天幫牠清理一次。

可用棉花棒沾生理食鹽水擦拭貓眼四周。

> **豆知識**
>
> ### 美容師也可幫貓清耳朵
>
> 當你無法幫貓咪清理耳朵時，可以交給獸醫或專業的美容師處理，以避免被你的貓抓傷、或破壞貓咪對你的信任感。

耳朵的日常清潔

　　耳朵是很容易出油的部位。當你的貓持續搖頭或搔耳朵，嚴重時甚至會歪著頭看你時，表示貓耳朵需要清理了。如果出現這些現象，仔細地檢查貓耳朵有沒有不正常的耳垢或分泌物。清潔步驟如下：

1 檢查耳垢

　　輕拉貓咪的耳朵，觀察耳道內有無耳垢、寄生蟲或不正常分泌物。

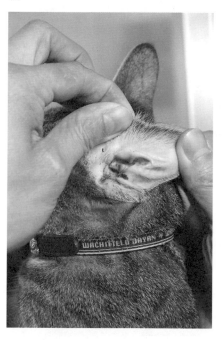

2 用棉花棒除垢

　　如果有任何耳垢，可以用棉花棒沾些嬰兒油，輕輕地旋轉帶出耳垢，小心不要讓棉棒掉進耳道中。除了棉花棒，你也可以用夾子夾棉球清理貓耳朵。

3 若發炎要求醫

　　如果貓咪有任何不舒服的感覺，可以休息一會兒，再繼續耳朵的清潔。如果發現有寄生蟲或發炎現象，趕緊帶牠去看醫生。

幫貓咪刷牙

　　最近寵物貓的地位愈來愈高了，不僅和主人一起上床睡覺，主人更是常常抱著牠玩親親。如果口腔衛生不佳，食物在齒縫中腐敗，滋生的細菌常會造成牙結石的產生。牙結石會造成牙齒的脫落和牙齦疾病，口腔的氣味也會變得很難聞，更可能因為口腔中的細菌進入血液循環，而產生心臟瓣膜的疾病。

檢查貓咪的牙齒健康

　　預防貓咪口腔的疾病，最重要的就是定期檢查貓咪的牙齒和牙齦，這最好是在小貓階段就要開始訓練牠，因為成貓不容易讓牠打開嘴巴。

1 輕壓貓的嘴角

　　將貓抱在大腿上或桌上，輕聲地安撫牠，用右手摸摸牠的頭，並將你的姆指和中指輕壓貓的嘴角，使貓主動開嘴巴。

2 抬高貓頭

　　將貓頭仰高，這樣可以更清楚地檢查貓咪的口腔是否有任何異樣。

 注意

不可用人用牙膏刷貓牙

人的牙膏不可以拿來幫貓刷牙，因為人用的牙膏是會起泡泡的，容易讓貓嗆到，而且貓咪可不會漱口再吐掉牙膏。

幫貓咪刷牙的小技巧

當你的貓已經能接受打開嘴巴檢查牙齒的動作後,你就可以開始訓練刷牙了。

1. 手指包紗布

你可以將紗布包在食指上,沾水輕輕地刷貓的牙齒,一開始可以只刷前面的門牙,時間也不宜太久,否則貓會不耐煩,之後再慢慢地讓牠接受全口刷牙。

2. 市售貓用牙刷

市售的貓專用牙膏和牙刷也是不錯的選擇,可以讓刷牙更方便有效。因為貓咪習慣你幫牠刷牙的動作後,牙刷的刷毛可以更容易將齒縫間的食物清出。而貓專用牙膏可以改變口腔裡的酸鹼性,抑制細菌的滋生,減少牙周病的機會。

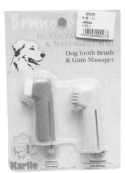

豆知識

每年檢查一次牙齒

當你帶貓去動物醫院打預防針時,獸醫會順便仔細檢查貓的口腔,如果有嚴重的結石問題,醫生會建議你安排洗牙手術。但洗牙需要進行全身麻醉,太老或生病的貓,還是有一定的風險。其實正確的飲食習慣和定期在家幫貓刷牙,是保護貓咪牙齒健康的不二法門。

第 **7** 篇

了解貓咪
的心

你一定很想知道你的貓快不快樂。可是貓咪不會說話,如何了解牠的心情呢?因此認識貓咪的肢體語言,就是你和貓咪溝通的橋樑,若再加上適時訓練貓咪,使牠適應和你一起生活,並有適當的運動和遊戲以紓緩貓咪壓力,就可以讓牠活得更健康、更快樂。

本篇教你

 認識貓的行為本能

 了解貓咪的肢體語言

 如何訓練貓咪的行為

貓咪都是這樣子的

　　即使每一隻貓都有牠自己的脾氣，不過貓咪還是有一些共通的本性，這些天性無法改變，也不需要改變，只要你理解，就可以和牠們好好相處，美滿共度一生。

貓咪的天性

　　貓咪有些共同的天性，當你看到這些行為時，不要以為牠生病了或是不正常，其實貓咪都是這樣子的。

貓是愛玩的小朋友

　　貓咪非常喜歡玩遊戲，特別是幼貓，除了吃飯睡覺外，沒有停下來休息的一刻，即使是自己的尾巴，也可以追得不亦樂乎。玩耍對小貓有重要的意義，牠們藉著玩耍學習狩獵的技巧，以及與人相處的規則。小貓大約出生三周就會開始玩遊戲了，並且可以分辨敵友，而準確拿捏啃咬的力道。

撒嬌代表牠信任你

　　貓雖然常常獨來獨往，但是每隻貓都愛撒嬌，喜歡被撫摸。當貓躲在你身旁露出小肚子，或在你腳邊摩蹭，都是向你撒嬌的行為。

 為什麼貓會追著尾巴跑？

A： 小貓都是很好奇的，只要會動的、會發出聲音的東西，都會讓牠們產生興趣。一旦發現自己動來動去的尾巴，當然會忙得團團轉不亦樂乎囉。

搞小團體是貓咪的社交

　　貓咪不是獨行俠，牠們還是很喜歡交朋友的，和同伴見面時，會彼此摩擦身體和鼻子作為打招呼的表示，有時會整理彼此的毛髮或一起睡個午覺。

打獵是貓咪的天性

　　你可能常常看到貓咪抓蟑螂，把蟑螂搞得身首異處才肯罷休。其實這是貓咪天生的狩獵習慣，只是家貓並非因為肚子餓才去獵殺，牠們只是複習一下狩獵的技巧而已。有時候貓咪會把獵物放到你面前，那代表牠希望能得到你的讚美，千萬不要因此責罵牠。

理毛可以幫貓咪減壓

　　貓咪只要醒著，好像不時在整理牠的被毛。貓是滿愛乾淨的動物，除了清潔之外，這也是牠消磨精力的好方法。偶爾你發現貓咪作出很丟臉的事、或者被你教訓之後，會突然開始舔毛，其實這是牠們穩定情緒的轉移行為。但是如果你發現貓咪理毛次數多得誇張，甚至開始有禿毛的情形，這可能就是貓咪壓力太大，需要帶去動物醫院檢查。

貓咪的肢體語言

　　貓的行為邏輯與人類是完全不同的，如果你花些心思，注意貓的叫聲和各種身體姿勢與動作，就可以了解關於貓的許多行為，包括身體狀況、心情和對周遭的態度等。

了解貓的肢體語言

　　貓咪的眼神、表情、耳朵和尾巴的角度、身體的姿態和叫聲，都是牠表達情緒的方法，身為貓主人的你不可不了解。

自信的貓

- 🐾 耳朵直立且向前微傾
- 🐾 眼睛會圓而大
- 🐾 嘴唇閉合
- 🐾 肌肉自然放鬆
- 🐾 尾巴下垂角度比水平線稍低、不會搖擺，頂多輕微自然晃

生氣的貓

- 🐾 兩耳向後緊貼
- 🐾 額頭毛髮豎起、鬍鬚向後
- 🐾 張口露出牙齒
- 🐾 即將採取攻擊的貓咪，臉部表情兇惡，瞳孔縮小
- 🐾 攻擊前的短暫時刻，耳朵及觸鬚會前傾
- 🐾 尾巴筆直向後伸直
- 🐾 咆哮、嘶叫

警戒的貓

- 🐾 耳朵直立
- 🐾 身體僵硬
- 🐾 眼睛微張
- 🐾 尾巴有點豎起並且帶著彎度
- 🐾 會閉上嘴巴，所有觸鬚往前，以便隨時偵測對方

直立著尾巴

貓咪把尾巴豎得高高的，原本是幼貓希望母貓舔屁股的行為，同時也是牠向你撒嬌的方式。

慢慢地擺動尾巴

如果你看見貓咪緩緩地擺動牠的尾巴，那表示牠非常地自在，告訴你牠現在心情很好、很滿足。

地上打滾

貓咪願意露出牠最脆弱的肚子，表示牠非常信賴當時的情境，對環境感到很安心。

咕嚕聲

貓咪可以不斷地震動喉嚨發出咕嚕聲，這表示牠對周遭環境相當自在，心情愉快。

甩尾

當貓咪對環境感到不安時或不耐煩時，牠會不斷地甩動尾巴來表達牠的不滿。

豎毛弓背

貓咪害怕緊張時，會讓自己看起來比實際大些，並且向對手發出嘶的叫聲警告，同時邊往後退準備可以隨時逃跑。

貓咪的行為訓練

就像教育小孩一樣，一旦貓咪進入你的家庭後，牠要和人類共同生活，就必須遵守一些基本的禮儀。雖然貓咪可愛得讓你不忍心責罵牠，但是若沒有對貓做一些基本的要求，常會讓牠有失控的行為，而破壞你們之間的關係。一隻被溺愛過度的貓，會為你和牠帶來不必要的麻煩，這是愛貓者不可忽略的常識。

餐桌禮儀的訓練

如果你的貓習慣跳上餐桌和你搶食物，完全不在乎你的反應，先不要說這舉止不禮貌，人類的食物對貓而言也並不合適，鹽分和熱量都太高了，容易使貓罹患腎病或過胖而影響健康。

訓練方法

🐾 絕不要在餐桌旁拿食物餵貓。可以在你用餐前先餵飽貓咪，讓牠不會因為肚子餓而養成討食的壞習慣。

🐾 若貓跳到餐桌上，可以用水槍對牠噴水以示懲罰。

1. 依筆者的經驗來看，最該被訓練的是貓主人自己。貓咪會養成討食物的習慣，大多是主人造成的，只要一個不經意的開始，你的貓就會理所當然地向你討食物。
2. 貓咪很討厭踩在廚房鋁箔紙上的感覺，如果你不讓貓咪進入某個地方，可以在地面舖上鋁箔紙防止貓進入。

磨爪子的訓練

你發現貓咪常在家具或沙發上磨爪子嗎？這可能表示牠有一些壓力需要釋放，或是有些貓做了很糗的事，用磨爪子來轉移注意力。如果發現小貓有磨爪子的動作，立刻帶牠去磨爪板上，兩個月大的幼貓是最佳的訓練時機。

訓練方法

🐾 抓牠的前腳，在板上作出磨爪子的動作，讓牠記住。

🐾 如果小貓能正確找到磨爪地點，一定要誇獎讚美牠。

🐾 如果小貓在不正確的地點抓家具或牆壁，可以用澆花的噴水器噴牠並大聲責罵。

🐾 訓練成功後，如果貓還是在家具上留下抓痕，先不要責罵牠，檢查是否磨爪板太舊，或是找出讓牠情緒不穩定的原因。

外出旅行的訓練

貓咪總有需要出門的時候，例如去動物醫院或辦理寵物登記，所以你要先準備提籠或貓籃，放在家裡讓貓習慣進出。

訓練方法

🐾 將貓籠門打開，放置在貓可以隨意進出的房間角落，籠內鋪上毛巾。

🐾 絕不要強迫貓，等牠能夠自己進出時要好好誇獎牠。

🐾 一旦貓可以接受在籠中後，將貓放入貓籠帶到車上，在家附近開一小段車程後回家，如果貓表現不錯就誇獎牠，並慢慢地延長車程，直到貓咪可以很自在地坐車為止。

和貓咪玩遊戲

貓咪是愛玩耍的動物，和牠一同玩遊戲不只可以增進你們之間的感情，更可以維持貓咪的健康快樂。從不玩耍的貓，最後總是會成為大肥貓，過重不僅會令牠們行動遲鈍，更會成為心血管及骨骼疾病的高危險群。

安全玩具 DIY

貓咪天生是狩獵者，牠們對可以快速移動的物體特別感興趣，因此你可以利用這個天性，找些玩具來刺激牠們運動。玩具不必特別購買，利用家裡現有的器材，只要你讓它們移動，就可以讓貓咪玩上好一陣子。

塑膠袋

塑膠袋的奇妙之處在於它滿足了貓咪的眼睛和耳朵，當你搓揉塑膠袋時，它發出的聲音和你的動作，對貓咪來說都充滿了興奮，不僅可以吸引牠跟你玩、更令牠想起塑膠袋裡的零食。找一個尺寸大一點的塑膠袋，以免貓咪把頭伸進去之後，無法自己脫下造成危險。

紙軸

用完的捲筒衛生紙、家用紙巾、傳真紙中間的紙軸，就是貓咪的絕妙玩具。

逗貓棒

DIY 逗貓棒其實很簡單，塑膠桿子、細棍子，綁上小鈴鐺、乒乓球，簡單的小道具就可以讓貓咪玩瘋了。

紙球

將廢紙揉成球狀，就可以和貓咪玩你丟我撿的遊戲了，只要避免使用有油墨的紙張以免貓咪不小心舔進肚子，貓咪可是會玩得翻天覆地呢。

危險的玩具

　　好奇心重的貓咪，對家裡所有物品都要玩過一輪才肯罷休，然而生活中卻充滿令貓咪致命的小東西，如果你家有這些東西，務必要收好，別讓貓咪玩到喪命！

小彈珠

　　小丸子類的東西，很可能令好奇心重的貓咪就這麼把它吞下去。光滑的小彈珠，一不小心就滑進喉嚨，要給貓咪丸子類的玩具，必須以吞不下去的大小為原則。如果貓咪正在咬著小東西，趕快去上前看看，確定安全性。

毛線團

　　卡通中的貓咪玩著毛線團，看起來多麼可愛啊，貓咪對一綑毛線團、一坨紮好的童軍繩、細細長長的塑膠繩子等線繩類物品無法抗拒，但貓咪常因為玩線繩類而纏繞脖子窒息、或被外物鉤住無法脫身、甚至吞進一段線繩導致腸胃阻塞，這些案例都曾發生過，因此不宜給貓這類玩具。

 小提示

買玩具不如花時間陪貓

有空走一趟寵物店，你會發現琳瑯滿目的貓玩具，看得眼花撩亂，但是給你一個忠告：重點並不在於玩具的種類或價格，而是你願意花多少時間陪你的貓。只要你肯花時間，即使是一個小瓶蓋，也可以讓你的貓玩上十分鐘而樂此不疲。

吾家有貓初長成

隨著貓咪的成長，你會發現六個月大左右的貓咪，會開始有些奇怪的行為和動作。例如開始在地板上打滾、到處噴尿或嬌喘個不停，恭喜你，你的貓咪長大囉。

發情

母貓發情

母貓一般在八個月大的年齡開始發情，當然也有早熟點的貓，六個月大就會發情。母貓發情時，叫聲像小嬰兒在哭，非常躁鬱地在地上打滾，甚至會死命地黏著人摩蹭。有些則會頻頻上廁所，或不定點尿尿。

公貓發情

公貓大約六個月大進入性成熟期，公貓這時候容易被母貓的叫聲和氣味所誘導，開始大聲咪咪叫，並且也會到處噴尿，而且尿味很濃。很多貓咪會在這時候離家出走，到處找女朋友。

傳宗接代

如果要讓貓咪繁殖後代，建議等一歲以後身心完全成熟比較理想。如果要讓貓咪交配繁殖，建議讓發情中的母貓到公貓家住幾天，可以先分別關在不同的籠子裡，等牠們熟悉對方、情投意合時，再讓牠們正式見面同居。

小提示

交配前，所有的疫苗都應補強完全，內外寄生蟲也都驅除乾淨，以免到時新生的小貓咪無法得到完整的保護。

懷孕與分娩

懷孕

母貓懷孕期約 60 天，期間可提供高營養的幼貓貓食，但是量不必增加太多。大約 50 天後，母貓會開始尋找合適的生產地點。建議在母貓懷孕 55 天時照張 X 光片，了解小貓數量及產道的大小是否可以順利生產，就不會分娩時手忙腳亂了。

準備產房

貓咪不會喜歡在太吵雜的地方生小貓，所以牠會在家裡的桌下、床底下、衣櫃裡，甚至在你的被子裡生產。建議在家中找個安靜的房間，準備大紙箱，舖些舊衣服、舊毛巾，將紙箱的一邊切去一半高度，方便貓咪進出，房間光線不要太亮。

分娩

通常貓咪都會自己生產，當母貓開始陣痛時會非常躁動，到處走來走去，有些會到處拉軟便，這都是牠快要分娩的徵兆。小貓出生時由胎衣包住，如果母貓太虛弱沒力氣撕胎衣，你就要接手了：

1. 撕開胎衣、擦乾小貓
2. 用棉線綁好臍帶，剪斷並點上優碘
3. 持續擦拭小貓直到皮膚轉為粉紅色並開始哭
4. 如果小貓不呼吸，用毛巾包裹小貓，將頭朝下用力甩出肺裡的羊水。正常呼吸後放回母貓身旁，吸母乳的動作可以幫助母貓子宮收縮，讓下隻貓盡快出來。

注意

緊急送醫的狀況

1. 陣痛超過 3 小時仍未生小貓。
2. 持續強力陣痛 30 分鐘以上還沒分娩。
3. 大量出血。
4. 母貓懷孕超過 66 天仍沒有分娩跡象。
5. 破水 1 小時仍未生下小貓。
6. 母貓在泌乳過程中抽筋。

第 **8** 篇

貓咪這樣做
對嗎？

在你大費周章地對付貓咪的行為問題之前，你可以先了解一下什麼是真正的行為問題。其實你所謂的問題，對另一位貓主人來說，可能是貓咪可愛的表現，就像有些人喜歡牠家暹邏貓喋喋不休，可是有人卻寧願牠的貓表現得安靜可人。

本篇教你

 什麼是貓咪的行為問題
 如何判斷貓咪的行為異常
 如何解決貓咪的異常行為
　 問題

貓咪行為異常怎麼辦？

用爪子在皮沙發上抓出一道道抓痕，對貓來說是理所當然的，雖然這可能會讓你在心裡淌血。很多貓咪的異常行為並不是生病，只是牠們的習與人類環境有所衝突，當然貓也會有情緒和心理上的疾病，而這些問題都需要找出原因和解決的方法才行。

貓咪異常行為

以下這些都是常見的貓咪異常行為，有些原因可能來自於你，有些則不。

常見的貓咪異常行為	
攻擊	攻擊行為是與生俱來的本能。可是一旦牠將目標對象指向你的時候，那就是問題了。
咬抓	牠會突然咬或抓你，只是要告訴你「好了，夠了，我不想再被你騷擾了。」
討食或挑食	當你在用餐或煮飯時，貓在身旁吵著要東西吃，是不是常困擾著你？貓咪的壞習慣可能是你造成的。
亂大小便	任意改變貓砂盆位置或貓砂品牌，都有可能讓貓不願使用貓砂盆。
亂跳	位在家中的最高點，牠會有掌握一切的安全感。
吃植物	貓咪會咬食植物，植物中的纖維能幫助牠們吐出胃內毛球。
愛叫	母貓發情時，會一直叫喊以吸引公貓。
分離焦慮	一旦主人離開牠的視線外，就會變得非常焦慮和緊張。

貓咪有異常行為怎麼辦？

如果你的貓咪出現左頁的問題行為，你可以參考以下的方法，減少貓咪製造的問題。

轉移目標

與其用處罰的方式，倒不如用轉移目標的辦法。例如貓會抓牆壁，你就準備個貓抓板放在旁邊，讓牠有目標做同樣的事，而你也不會困擾。

移除誘因

貓是沒什麼自制力的動物，必須將會誘惑牠的因素隱藏或移除。例如不想讓貓翻垃圾桶，就在垃圾桶上加蓋，不想讓貓喝馬桶裡的水，就把廁所門隨手帶上。

改變環境

有些材質是貓不喜歡碰的，利用這些東西阻止貓破壞家具，也是可行的方式。例如將鋁箔紙貼在貓喜歡抓的家具上，可以讓貓轉而使用貓抓板磨爪。

不讓貓無聊

無聊的貓總是能夠讓你的生活忙得不可開交，所以儘可能的讓貓的生活空間多樣化。在沒有人在家的時候，可以把收音機或電視打開來，電視機的畫面跳動能吸引貓的注意力，使得貓咪不會因為無聊而四處作怪。

適時阻止

水槍或噴水瓶是不錯的遏阻工具，當貓咪做出不被允許的行為時，用水槍噴牠一下並配合「不行！不可以！」等指令，可以阻止牠並使牠留下深刻印象。

貓咪的攻擊行為

貓咪是天生的獵人，所以牠的掠奪行為是與生俱來的本能。可是一旦牠將攻擊的目標對著你的時候，那就是個問題了。一旦行為發生問題，並不是處罰或放任就可以解決，一定要找出原因，矯正失控的行為問題。貓咪會發生攻擊行為有下面四種原因，你可以先初步判斷你的貓咪可能是哪一種攻擊行為，再參考解決方法，改變這樣的問題行為。

搶食性攻擊

如果你家有兩隻以上的貓，攻擊行為很可能由此而來。食物的攻擊雖然不像狗那麼常見，不過貓也會為了保衛食物、或偷別人的食物而產生攻擊行為。街上的貓和從保育場來的貓，會較明顯地有這類攻擊行為。

解決方法

🐾 給每隻貓個別的貓碗和水碗，並且讓貓咪在不同的角落進食。

🐾 如果攻擊行為仍嚴重，讓貓在不同的房間進食。

🐾 留食物在家中各角落，讓被攻擊的貓有食物吃以紓緩壓力。

🐾 如果家中有養狗，必須將貓碗放高，讓狗不能干擾貓進食。

分娩後攻擊

剛生完小貓的母貓，只要有任何人或動物出現嘗試接近小貓的動作，都會成為牠攻擊的對象。

解決方法

🐾 找個安靜隱密的地點讓母貓待產，不要過度干涉牠當媽媽的樂趣。

🐾 將母貓結紮可以避免牠再出現攻擊行為。

地域性攻擊

當貓咪發覺牠的地盤被別隻貓侵犯，牠會攻擊外來的貓，直到牠能再度控制地盤為止。通常牠們會以嘶叫、追逐或肢體上的打鬥來驅逐對方。基本上你家就是牠的領地，牠是這裡的國王，一旦有任何動物入侵，就會被視為是入侵者，而遭到不同程度的攻擊。

解決方法

🐾 在貓咪六個月大以前結紮，可以降低牠的地域性強度。

🐾 不要讓牠接觸外面的流浪貓，一旦牠和外面的貓衝突後，會讓牠對其他貓產生敵意，影響日後的社交行為。

🐾 避免家中小孩追著貓跑、或好動熱情的狗衝撞貓咪，這會令貓咪很神經質。

🐾 愈早讓牠有社交活動愈好，包括家裡來的客人或朋友的寵物。

🐾 小貓和其他小動物很容易成為好朋友，不要太早將小貓從母貓與同伴身邊帶走，這會讓牠錯過社會化的黃金階段。

恐懼性攻擊

當貓受到威脅或感到有可能被攻擊時，會讓牠產生恐懼型攻擊。通常恐懼型攻擊會有明顯的肢體語言作為警告：耳朵貼住頭、毛髮豎起、瞳孔張大、尾巴前後甩動、嘶叫弓背等。

解決方法

🐾 不要刺激恐懼中的貓，可以每天在地板上放一些點心，讓牠減少恐懼進而對你產生好奇。

🐾 不要將膽小貓的貓砂盆、食物和飲水放在人來人往的地方，這會讓牠更緊張。

🐾 告訴家中的成員不要任意追逐貓咪或突然驚嚇牠。

🐾 儘可能讓幼貓早點開始社交。

當貓咪咬人時

貓咪是很自我的動物，當我們和貓玩或撫摸牠時，牠突然咬你或抓你，這都只是為了要告訴你「好了，夠了，我不想再被你騷擾了。」

貓咪咬人怎麼辦？

貓是很需要獨處時間的，同時你也必須認識貓咪的肢體語言，並尊重牠對身體接觸的意願。如果仍有不明原因的咬人行為，就得尋求獸醫協助，因為牠可能身體有病痛或受傷了。

解決方法

🐾 每天花時間做刷毛和撫摸貓咪的練習，降低牠對身體接觸的敏感度，只要牠有任何不舒服就中止練習。

🐾 了解貓咪的忍受範圍在那裡，只要牠開始甩動尾巴或身體開始緊繃，馬上中止練習。

🐾 如果練習時貓咪很合作，可以給零嘴獎勵。

小提示

母貓不喜歡被人摸脖子周圍，因為交配時公貓會很粗暴地抓咬牠的脖子，所以有時候摸母貓頸部時，會突然被牠攻擊。

貓咪挑食、吃植物

即使你為貓咪準備了豐盛營養的食物，但是貓咪可能不乖乖吃你為牠準備的大餐，而搶著要吃你的晚餐，或者亂啃咬家裡的植物，這些行為有一部分是你造成的，也有一部分是出於生理需要。

貓咪挑食討食怎麼辦？

當貓在向你要東西吃時，如果你以為給牠一點點沒關係的話，那你就錯了，給牠人類的食物，等於是鼓勵牠這麼做可以得到食物。

解決方法

🐾 先評估體重，確定貓咪有足夠的食物。

🐾 養成定時定量的習慣，除了正餐時間外，不要任意給貓咪吃點心。

🐾 不要在用餐時從餐桌上拿食物給牠吃。

🐾 不要在廚房做飯時一邊給貓食物，要讓貓養成只吃貓碗中食物的習慣。

貓咪吃植物怎麼辦？

貓咪由於天生會整理牠們的被毛，每天吞下大量的毛髮，常常會造成消化道不適甚至腸道阻塞。因此牠們會咬食植物，好吐出胃內的毛球，但是某些有毒植物或植物上噴了殺蟲劑，會要了牠們的命，因此最好避免貓咪啃咬家裡的植物。

解決方法

🐾 將家中盆栽吊高或放在貓碰不到的地方。

🐾 買本有毒植物圖鑑，將家中有毒的盆栽搬走。

🐾 如果當場目睹貓咪正在咬植物，用水槍噴牠並大聲叱喝以制止牠。

亂大小便的貓咪

貓主人最大的困擾，大概就是貓不在指定的地點大小便了，尤其是不會使用貓砂盆的貓，常常把貓主人的生活搞得一團亂。其實大多數的貓不在貓砂盆大小便都是有原因的，一旦你了解理由，這問題也解決了一大半。

貓為什麼不在貓砂盆內大小便？

你可以自行判斷這些原因，以及因應解決之道。

對貓咪的判斷	原因	解決方法
生病了	身體上的不適常會讓貓無法控制大小便，甚至改變原有的習慣。	帶貓去獸醫那裡，診斷是否健康有問題。若沒有則可以排除生病的可能性。
砂盆放的位置不對	貓為了躲避掠食者的追蹤，天生會將自己的排泄物掩埋起來，因此任意改變貓砂盆位置或貓砂品牌，都有可能讓貓不想在貓砂盆中如廁。	將貓砂盆放在家中安靜的地點，方便貓進出。如果家中有多隻貓，需要準備多個貓砂盆，並經常清理，如果是貓砂品牌的問題，立刻換回原來的貓砂。
壓力太大	貓是滿龜毛的動物，不喜歡生活中有任何變動。搬家、新養的寵物、新的家具甚至家中成員的增減，都會讓牠壓力增加而到處便溺。	儘可能避免改變貓的生活空間，如果不可避免則漸進式改變，不要一次給貓太多壓力。
畫地為王	貓的地盤意識非常強，通常會在牠的領地四周噴尿來畫定界線。家中的家具、床單和門邊常是牠們的最愛。如果你養愈多隻貓，這情形將會愈嚴重，因為每隻貓的地盤重疊就愈多。	結紮你的貓並徹底清掃家裡，去除便溺所留下的氣味。

別買二手貓砂盆
絕不要貪小便宜買二手的貓砂盆回家，這會讓你的貓尿遍全家，就是不去貓砂盆上廁所。

貓咪亂跳與愛叫

　　貓咪的活動範圍很大，而且是三度空間，你的貓可能會跳到任何家具的最上方。此外，雖然貓咪不會像狗一樣狂叫，但一旦出現亂叫的症狀時，就是你該注意牠的身體狀況了。

貓咪亂跳怎麼辦？

　　貓活動的方式是三度空間的，也就是說牠會跳上你的餐桌、書桌、電視以及任何你不允許牠跳上去的地方。

解決方法

- 🐾 不要在你的餐桌或書桌上留下任何食物，並在用餐後擦拭桌面，不留任何味道。
- 🐾 準備水槍，當貓跳上不允許的地方，用水槍噴牠並大聲叱喝警告牠。
- 🐾 堅持所有的練習，直到貓咪完全不再跳上桌子為止。

貓咪愛叫怎麼辦？

　　讓貓咪叫不停的主要原因是發情，尤其是母貓發情時，會一直嚎叫以吸引公貓，並讓公貓知道牠在那裡。有時候貓咪亂叫是抱怨你陪牠的時間不夠，但是平日安靜的貓突然開始亂叫，並且不停走動，就可能是生病或身體疼痛，應該馬上帶去醫院檢查。

解決方法

- 🐾 看醫生，檢查有無任何受傷或生病。
- 🐾 若處在發情年齡，則可送去結紮，絕育後可減低亂叫的發生率。
- 🐾 若你陪牠的時間不夠，試著多花點時間和牠相處，牠只是需要跟你玩一場丟紙球遊戲。

亂抓家具的貓

為了要讓爪子老化的外殼脫落，因此貓咪必須抓某些東西來達到目的。所以重點並不是禁止牠們磨爪子，而是如何轉移牠們的目標物。

單純磨爪子

貓的爪子和我們的指甲一樣是有生命的，會新陳代謝，所以必須藉由磨爪子的行為去掉舊指甲。

解決方法

🐾 最好的方式不是完全禁止，而是引導牠使用貓抓板。貓抓板上可灑貓薄荷吸引牠的注意，將它放在常磨爪子的地方，並抓著牠的前腳使用貓抓板，習慣新的目標物。

運動

有些貓會把抓家具當成運動的一部分，尤其無聊或睡醒後，會去牠最喜歡的地方磨個幾下。

解決方法

🐾 鼓勵牠運動，消耗牠的精力，例如多花點時間陪牠玩遊戲。

標示地盤

除了噴尿作記號占地盤，貓咪也會以留下抓痕的方式，標示牠的地盤範圍。

解決方法

🐾 貓咪絕育可以改善這種困擾。

尋求注意關懷

如果貓主人因為某些原因而忽略了貓，貓咪為了吸引主人的關注，也會抓家具表達牠的不滿。

解決方法

🐾 當貓有這個異常現象時，就是告訴你要多關心牠、多和牠說說話了。

有分離焦慮的貓咪

如果貓咪在八周齡前，沒有受到完整的社會化教育，就離開了牠的同胎兄弟和貓媽媽，會導致牠不能自在地單獨生活，而非常依賴收養牠的人，將飼主視為牠的媽媽。一旦主人離開牠的視線外，牠就會變得非常焦慮和急迫，尤其是用奶瓶餵大的小貓，更是分離焦慮的高危險群。

貓咪有分離焦慮怎麼辦？

事實上有分離焦慮症的貓，要矯正牠的行為是非常困難的，不過仍有下列幾種方法可以嘗試：

習慣分離

每天花些時間練習，讓牠習慣你離開牠的視線。你可以假裝要出門，並在門外逗留幾分鐘，如果牠有任何焦慮的情形出現，再開門進來安撫牠。慢慢拉長分離的時間，使牠習慣和你分開自己獨處。

生活多樣化

儘可能讓貓咪生活空間多樣化，不會感到無聊。你可以準備很多牠喜愛的玩具，紙箱或舊報紙也可以讓牠撕咬解悶。當你不在家時可以將電視或收音機打開，讓牠不會有寂寞的感覺。

尋求協助

如果以上的方法都沒效，你就必須尋求專業獸醫師的協助了。

第 **9** 篇

關心貓咪的健康

貓咪和人一樣也會生老病死，只是貓咪生病時並不會告訴你哪裡不舒服，因此如何在牠一有生病的症狀就發現問題，並及時帶牠去看醫生，是維持貓咪身體健康的不二法門。

本篇教你

 如何挑選合適的動物醫院
 了解貓咪的預防注射
 判斷貓咪是否生病

挑選合適的動物醫院

除了你之外，貓咪一生中最重要的人就是獸醫了。獸醫不但可以看顧貓咪的健康，也可以作為健康諮詢，告訴飼主怎麼樣照顧貓，才能讓貓健健康康地過一生，因此挑選一家好的動物醫院，和獸醫建立良好的互動關係，你的貓咪才能過得幸福健康。

挑選好獸醫的訣竅

訣竅 1 是否為合法的獸醫師

注意醫院有無懸掛「獸醫師證書」、「開業執照」、「執業執照」三張證書，並仔細比對執照中照片是否為醫師本人。

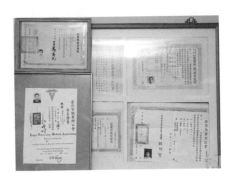

訣竅 2 觀察動物醫院的環境

你可以觀察看看內部是否光線明亮、通風良好，因為這關係到貓咪的情緒，而醫院內的醫療設備和儀器是否隨時保持乾淨清潔，更是貓咪健康的保障。醫院會不會臭氣薰天？空調是否完善？這些都是一家好的動物醫院最基本的要求。

訣竅 ③ 和獸醫師詳細溝通

當你和獸醫師討論貓咪病情時，醫生是否可以清楚地解釋、並讓你明白貓咪生病的原因？貓咪在接受治療時會不會過於恐懼？醫師會不會建議你的貓咪做一些不必要的醫療處置？這些都可以作為「是不是一個好獸醫」的判斷。

訣竅 ④ 檢查治療是否仔細

第一次帶貓咪給醫生檢查前，可在旁觀察醫生檢查貓咪的過程，動作熟不熟練、如何安撫不安的貓咪，打針、餵藥是否溫柔等等。貓咪身上的問題很容易在檢查身體時發現，有經驗的獸醫師會仔細檢查貓咪全身。

 小提示

診療前問清楚風險與開支

在貓咪進行醫療前，可請醫生告知所有可能的醫療風險，並評估自己能接受風險的底線在哪裡。如果仍不清楚或不放心，可以徵詢第二個醫生的意見。此外，在進行診療之前，請醫生大致說明可能的收費開支，儘可能做到讓貓咪免於病痛的處置。

貓咪的預防注射

　　剛出生的小貓有來自母貓乳汁的移行抗體，所以大都具有一定的免疫力。不過隨著移行抗體的降低，小貓本身的免疫系統又還未發揮作用，這段期間，就需要接種疫苗來增加身體的抵抗力。

疫苗接種計畫

　　每個地區的氣候和傳染病不同，接種疫苗的計畫也不盡相同。貓本身的身體狀況也是主要考量的因素，台灣的疫苗計畫如下表，不要忘了帶你的貓去注射疫苗。

年齡	出生後 8～10 周	出生後 12～14 周	每年補強一次
疫苗種類	三合一或五合一多力價疫苗	三合一或五合一多力價疫苗	三合一或五合一多力價疫苗
		狂犬病疫苗	狂犬病疫苗

你可能是病毒的傳染媒介

有很多貓主人會認為貓咪養在家裡不出門，沒有和其他動物接觸，應該不會有傳染病。其實就算貓沒出門，但是主人天天要上班上學，就有可能成為貓咪感染疾病的媒介。如果貓不幸感染，會有不低的死亡率，不能不重視。

Q 傳染病會傳染給人嗎？

A：貓咪和人類共通的傳染病不多，貓咪的披衣菌會造成人類結膜炎，而皮膚的黴菌也會讓貓主人身上出現一圈圈紅斑。如果家中有孕婦，建議孕婦不要做清理貓砂盆的工作，因為貓咪如果有弓漿蟲，會經由糞便傳染，甚至會造成孕婦流產。

貓的重要傳染病

貓咪的主要傳染病，都是相當嚴重、死亡率很高的疾病，因此要注意貓咪平時的健康狀況，一有症狀就要及時送醫。

貓瘟

是由貓的小病毒引起的泛白血球減少症，有極高的傳染力，死亡率也相對地高，約有 25 ～ 75%。預防針可以在小貓 8 周齡給予第一劑五合一疫苗，12 周大再給予第二劑，之後每年補強。

症狀：出血性腸炎、高燒、嘔吐、厭食和脫水。痊癒後，排泄物仍會持續排毒好幾個月。

貓披衣菌肺炎

是由鸚鵡披衣菌引起的肺炎。病程大約 1 個月，痊癒之後仍會在結膜和肺中發現病菌，因而持續散播病菌，傳染給週周遭的貓咪。

症狀：初期常見貓單眼結膜炎，之後會有高燒、流淚、眼鼻出現膿狀分泌物，後期常造成肺水腫呼吸困難。

貓卡力西病毒

潛伏期長達 3 星期，半歲內的小貓常出現病毒性肝炎、呼吸困難死亡，有些會出現神經症狀。

症狀：和貓鼻氣管炎很類似。

貓鼻氣管炎

是皰疹病毒引起的上呼吸道疾病。潛伏期 2 ～ 6 天，病程約 2 個星期，幼貓死亡率極高。

症狀：開始是精神變差、打噴嚏、畏光，眼睛和鼻子會有水狀分泌物，接著開始咳嗽、高燒和口腔內潰瘍、並出現鼻膿。常造成慢性鼻炎、角膜潰瘍。

貓白血病

由貓白血病毒造成的白血球減少症，是貓所有傳染病中，具有最高傳染性的一種，可以用專門的檢驗試劑診斷。白血病毒可以在感染貓體內潛伏長達數年不發病，使人防不勝防。

症狀：常出現體重下降、貧血、高燒、下痢和齒齦炎。

施打預防注射的注意事項

　　並不是只要打了預防針，貓咪就會產生完全的抵抗力。事實上不正確的預防注射，常常不能達到最佳的免疫效果。因此打預防針前，應該注意以下的事項，以避免事倍功半。

身體是否健康

　　應先觀察貓咪身體健康情形是否良好，最好先驅蟲。

疫苗不可過期

　　注意疫苗的有效期限。

不可在生病時施打

　　健康失調或者生病中的貓咪，先暫緩注射疫苗。

不要洗澡

　　注射後二週，身體才會開始產生抵抗力，這段期間因為抵抗力會稍弱，所以應該避免洗澡或吹風。

Q 為何打了預防針卻還是生病了呢？

A: 打了預防針卻仍舊生病了，可能有下列原因：

1. 貓的免疫系統不健全
2. 潛伏感染或併發症
3. 貓咪身體狀況不佳
　（如有體內寄生蟲等）
4. 注射時機錯誤
5. 未依照時間補強
6. 其他緊迫性因素
　（如洗澡、感冒等）

貓咪生病了嗎？

貓咪和人一樣也會生病，生病的原因很多，從遺傳、先天性缺陷、傳染病、器官退化或意外，都有可能讓牠們失去健康。有些病情很容易治癒，但也有像腫瘤和心臟問題這些難以治療的疾病。如果可以早點發現貓咪生病了，就可以增加治癒的機會。

你的貓咪生病了嗎？

你可以從以下這些小地方，觀察你的貓咪是不是生病了。

不正常的分泌物

如果貓咪的眼睛或鼻子出現不正常分泌物，像是黃色的眼屎、鼻子有黃色膿狀鼻涕，都要立刻帶去動物醫院檢查。

胃口好壞

健康的貓應該會有不錯的食慾。如果發現貓碗食物沒吃完，或是連罐頭都吸引不了牠時，就要注意牠是不是生病了。

被毛狀況

貓咪的毛髮若變得沒有光澤、有脫毛過度或禿毛現象，甚至失去整理自己身體的慾望，也要帶到醫院檢查。

嘔吐

如果有持續性嘔吐，並且不是吐毛球，就應立刻看醫生。

精神差

貓咪如果與平時不同，整天無精打采，甚至躲在角落，這都是生病的徵兆。

大小便是否正常

貓咪小便的次數和尿量是否異常變多或變少？大便是否太軟、太稀或是太乾太硬、甚至帶血，這些都是健康亮起紅燈的警訊。

貓咪常見的疾病

　　貓咪很能忍痛，因此也很容易隱藏牠們的病症，這就要靠我們平日多觀察牠們的作息，看看有沒有任何異常、或和平日不一樣的地方，唯有早期發現早期治療，才是讓貓咪健康生活的不二法門。

八種貓咪常見的疾病

　　貓咪常見的疾病有以下這幾種。這些疾病不一定經由傳染而發生，也有可能是飲食或生活習慣不良所導致的，因此在平常生活中飼主要多加注意，不要讓不良的生活飲食習慣造成不必要的疾病。

糖尿病

一旦胰臟製造胰島素的功能異常時，貓咪就會發生糖尿病的問題。老貓和肥胖貓是這類疾病的高危險群。由於血糖過高，常會引起併發症，如體重下降、腎臟疾病、下痢、昏迷、白內障、脫水等等。你可以收集貓咪的尿液給獸醫師，或去動物醫院抽血檢查。

治療方法：一旦診斷貓咪罹患糖尿病，就必須定期注射胰島素維持血糖，貓的食物也要嚴格控制。

慢性腎病

腎臟過濾貓咪的血液、調節身體的水分，以及藉著尿液排出代謝後的廢物。當腎臟無法排出身體的毒素和調節電解質時，貓咪會因為血中尿毒濃度過高而有生命危險。慢性腎病原因很多，如遺傳、環境、腎臟疾病或有心臟病史的貓，都是高危險群。

治療方法：儘管慢性腎病可使用藥物維持一段時間，但並沒有治癒的方法。只能儘量減低牠血中尿毒的濃度，保留功能正常部分的腎臟，並控制併發症。

毛球症

貓咪在整理自己的毛時，會順便將毛吞下，而這些被吞食的毛囤積在胃裡，若沒有吐出或是排泄出來，就會造成消化器官的障礙，產生的症狀有嘔吐、無食慾、體重下降以及便秘等。

治療方法：勤於幫貓咪刷毛以及定期餵食化毛膏。

跳蚤

跳蚤常會引起皮膚毛髮的問題、過敏性皮膚炎和貧血,同時更是體內寄生蟲條蟲的中間宿主,會造成貓咪嘔吐或下痢。

治療方法:可使用市面上的除蚤噴劑或滴劑,或使用有除蚤效果的洗毛精。

甲狀腺機能亢進

如果貓咪的甲狀腺過於亢進,身體代謝機能太快,體重常會下降,胃口極佳,而且多尿多渴、下痢、心律不整,不好好控制的話常會有生命危險,可以經由血液檢查確診。

治療方法:一般可以外科手術切除甲狀腺,或以抗甲狀腺藥物治療。

貓的下泌尿道徵候群

貓因為尿石症或尿渣結晶,導致下泌尿道阻塞,會使貓出現排尿困難、頻尿、尿急痛、排尿時嚎叫等症狀,若已完全阻塞或病程拖太久,可能會發生更嚴重的症狀,如嘔吐、食慾廢絕、血尿、昏迷、癱瘓,最後終至死亡。尤其對公貓而言,公貓的尿道又細又長,較易發生阻塞。

治療方法:一旦確診之後就必須抽血檢查,確認身體的狀況,再進行麻醉導尿,反覆以無菌生理食鹽水灌洗膀胱,並進行尿渣檢驗。

尿渣結晶與治療

尿渣結晶分為兩種，若是草酸鈣結晶，則必須進行外科手術將結石取出；若是炎症性結晶，則將導尿管留置 48 ～ 72 小時，並加以點滴利尿，約住院 5 天確認症狀已改善即可出院，但仍須持續口服抗生素 4 星期以及尿路酸化劑。

寄生蟲疾病

蛔蟲

蛔蟲並不會吸血，而是寄生在貓的胃腸裡，靠著消化食物來獲得營養。成年貓可從糞便中察覺到感染蛔蟲，而幼貓是經由母貓的乳汁或是從胎盤進入寄生，如果寄生的幼蟲轉移到肺部或心臟，會導致肺炎。嚴重的症狀有腹瀉、消化不良、貧血、腹部漲大、食慾不振等症狀。

鉤蟲

鉤蟲是以吸血為生，牠們經由貓咪口腔進入體內，或是直接鑽入貓咪的皮膚後轉入小腸，也會從胎盤傳染給未出生的幼貓。產生的症狀有腹瀉、身體虛弱及貧血。

條蟲

條蟲不會吸血，而是寄生在貓的大小腸以吸取營養，在成貓身上較常見。條蟲會由貓肛門排出，而將蟲卵散佈在肛門附近及糞便上，在經過肛門時會產生刺激，因此貓會有舔肛門的行為。

弓漿蟲症

當原蟲寄生在溫血動物，又被吃食之後，就有可能感染。成年貓感染時大多不會發病，但幼貓感染若疏忽治療，可能導致死亡。罹患弓漿蟲病若讓蟲體蔓延，會導致厭食、呼吸困難、黃疸、嘔吐、腹瀉、不斷發燒以及中樞神經系統障礙等症狀。被禁止自由外出的家貓，不太可能感染到弓漿蟲，除非飼主餵食未煮熟的肉類食品。

小提示

養貓的女性若懷孕，可帶貓咪去做「弓漿蟲抗體檢驗」，若結果為陰性，只要注意環境衛生，就不用擔心被傳染了。

傳染性腹膜炎

　　此病毒由口鼻侵入而感染，受到感染的病貓，病毒會隨著尿液及糞便排出，健康貓咪接觸後就會被傳染。如果家裡有多隻貓咪的話，就算只有一隻感染，蔓延的速度也會非常迅速。

　　傳染性腹膜炎好發於幼貓，受到感染的幼貓，會成為另一個感染源，潛伏期約 2 ～ 4 天，症狀分為下列兩種：

滲出型（溼潤型）	非滲出型（乾燥型）
😺 身體衰弱	🐾 喪失活力
😺 食慾不振	😺 胃口大減
🐾 發燒	🐾 發熱
😺 腹水及胸水累積為其特徵	😺 胸部及腹部沒有積水現象
😺 同時也會有貧血及黃疸等症狀	😺 有擴散到神經系統、肝臟、眼睛、腎臟等病變

治療方法：以往傳染性腹膜炎可說是貓咪絕症，大多建議安樂死，但現在最新的研究報告指出 GC376 這種新藥對這種病毒複製有抑制的作用，為這種以往不可治癒的疾病帶來了一線曙光。

貓咪會傳染 SARS 嗎？

A：由於 SARS 的爆發，許多人害怕寵物會傳染 SARS，事實上，世界衛生組織研究發現，貓有短期感染 SARS 病毒的機會，但完全沒有跡象顯示牠們會傳染 SARS 病毒。因此千萬不要因為人類一時的自私棄養，造成貓咪一生的苦難。

照顧生病的貓咪

　　生病的貓咪是身體最虛弱的時候，我們要如何照顧牠們呢？最重要的原則就是要讓貓咪維持足夠的體力對抗疾病，並且配合醫生的處置，定時餵貓咪吃藥。

在家照料貓咪的準備

　　貓咪生病了，除了住院讓醫生照顧之外，你也可以自行在家照顧，一來你可以了解貓咪的康復狀況，二來讓貓咪處在熟悉的環境，比較能快速地康復。在家照顧貓咪時，有下列三個準備事項需要注意：

1. 準備一個舒適的環境

　　如果家中沒有現成的貓窩，可以準備紙箱，在箱中舖些不要的衣服或毯子，並且將這個臨時病床放在家中較安靜不被打擾的地點。家中的溫度不宜過高或過低。

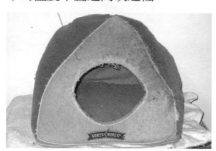

2. 準備營養的食物

　　維持病貓的營養和體力，是早日康復的關鍵。如果貓咪失去食慾，必須強迫餵食，可以給予肉泥狀的嬰兒食品、或加水調成流質以方便用針筒餵食。如果無論餵多少都會嘔吐，請帶貓去動物醫院住院。

3. 準備照護用品

　　如果貓咪身上有傷口，為了避免牠舔舐傷口，要戴上伊麗莎白項圈，讓傷口有機會癒合。開完刀的貓，為了避免到處走動污染傷口或拉開傷口，建議在拆線前將牠關在籠中以方便護理。

如何餵貓咪吃藥？

餵貓咪吃藥是一件苦不堪言的困難事，貓咪不是把藥水噴得到處都是，就是用力吐出藥丸怎麼樣也不肯吞下去，搞得人貓俱累。餵貓吃藥可依照藥粉、藥水或藥丸，而有不同的餵食方式。

餵食藥粉

有些藥並沒有任何味道，磨成粉後，拌在食物裡，很容易就可以騙牠吃下去。如果是有點味道的藥粉，也可以和營養膏或罐頭拌在一起，直接塗抹在貓的嘴裡，強迫牠吃下去。

用針筒餵食藥水

如果貓咪沒有嘔吐現象，就必須進行餵食。通常流質的藥水比較方便，可以將貓頭仰高，用空針筒吸取藥水，從嘴角慢慢地將藥水推入貓的口中。

強迫塞藥丸

如果怎麼樣都沒辦法餵牠吃藥，可以把藥粉裝在膠囊中，直接塞到牠嘴裡。

1 掰開貓嘴
用姆指和中指捏住藥，並用另隻手握住貓咪的頭。用抓貓那隻手的姆指和食指壓住貓的嘴角，使牠張開嘴巴。

2 塞藥
將貓頭仰高，儘可能把藥塞得愈深愈好，迅速閉上牠的嘴。

3 按摩喉嚨
按摩牠的喉頭，直到牠吐出舌頭，就表示牠已經吞下藥了。

照顧貓咪的健康

　　如何讓家裡貓咪健康生活，是所有養貓人的努力方向。現在貓咪的平均壽命，在營養學和醫療品質進步下普遍提高，但是活得久更要活得好，如果貓咪健康不佳，影響牠的生活品質，就是很大的問題了。

維持貓咪健康的原則

　　想要你的貓咪健健康康的，身為主人的你，仍有一些原則需要遵守，不要因為過於寵愛，反而害了你的貓。

原則 ① 均衡的營養

　　餵食貓咪營養完整、品質佳的貓食，貓咪才能維持成長、細胞再生和正常的代謝功能。

原則 ② 讓貓咪經常運動

　　維持貓咪的運動量，是讓牠的心血管和肌肉群，能正常運作的不二法門，沒有運動的貓容易堆積脂肪，而成為心臟病、糖尿病和關節炎的高危險群。

原則 ③ 定期健康檢查

　　每年的定期健檢，可以讓我們提早發現貓咪潛在的疾病，及早給予適當的治療，以免延誤病情。

原則 ④ 適度的關心

　　貓咪和人相處久了，也會希望被人關心愛護，如果主人老是忽略牠，貓也會出現心理問題，而發生行為障礙，甚至影響牠的身體健康。

原則 ⑤ 不要讓貓外出

　　有很多貓咪發生意外的地點都是在戶外，尤其是中毒、被狗咬和車禍。為了避免遺憾，儘量將貓養在室內，不要讓貓亂跑出去。

原則 ⑥ 定期預防注射

　　每年都要幫你的貓補強疫苗，尤其是常到室外亂跑的貓。有太多的傳染病是因為貓和貓接觸而感染，一旦感染了這些病毒，就會有生命危險。定期接受疫苗注射，可以增加牠的抵抗力。

貓咪也有肥胖文明病

貓咪身上的肥胖問題，常常超乎主人的了解，過重的貓會對身體各器官造成嚴重的負擔，包括心血管和骨骼，尤其是關節方面，常會發生退化病變，同時也是糖尿病和肝病的高危險群。

你的貓咪是瘦還是胖？

判斷貓咪體重是否正常，可由貓咪身長與胸圍的比例得知，請參照以下表格，查表算出貓咪是瘦還是胖。

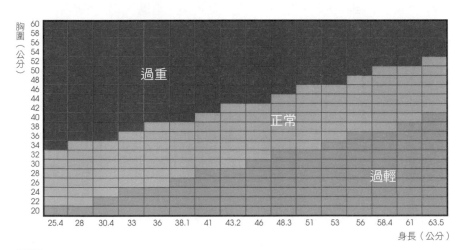

實例

如果貓咪的身長為 38.1 公分，查表可得知正常體重的胸圍為 28 ～ 38 公分，如果超過這個 38 公分就是過重；如果低於 28 公分則是過輕。

貓咪的肥胖因素

你家的貓有被下列這些致胖因素環繞嗎？若有的話，就要多加注意控制牠的體重了。

高熱量食物

高油脂、高糖分的食物，永遠是肥胖的好朋友，特別是那些會在主人桌邊要東西吃、或是不愛吃貓食只吃人類食物的貓，最容易體重失控。

內分泌失調

正常的賀爾蒙會幫助控制與調節貓咪的體重，如果甲狀腺或腦下垂體出問題，就容易變胖。

藥物影響

某些藥物會引起貓的強烈食慾，或干擾脂肪代謝，造成脂肪堆積。

絕育

絕育手術後的貓，因為性賀爾蒙不足，會造成活動力下降，減少約 1/4 的脂肪新陳代謝率。同時因為缺乏抑制食慾的性激素，貓的食慾大增，體重當然就會過重了。

運動量太少

不愛運動當然消耗不了過多的熱量，熱量儲存成脂肪後，就變成小胖貓了。

注意

貓咪過胖怎麼辦？

如果你不能摸到貓的肋骨，或是牠的肚皮已經拖到地板時，就表示你家的貓太胖了。你必須立刻停止供應零食，並仔細看清貓食包裝上的熱量說明，嚴格管制熱量攝取，一般成貓每天所需熱量不應超過 400 大卡。

肥胖危害貓咪健康

別以為貓咪胖胖的很可愛，就任牠這麼胖下去，其實肥胖對貓咪身體的危害是很大的，會產生以下的不良影響：

心臟病和高血壓

當體重增加，心臟就必須加倍壓縮，才會有更高的血壓將血液輸送到身體各器官。心臟長期超時工作，當然容易心臟衰竭。

肝功能不佳

肥貓有太多脂肪堆積在肝臟細胞內，容易引發脂肪肝，影響肝臟功能。

糖尿病

肥胖容易造成胰臟不正常分泌胰島素，甚至導致血糖過高，而發生糖尿病。

呼吸困難

胖貓比較容易發生呼吸困難的現象，因為體內過多的脂肪會推擠橫隔膜，造成胸腔空間變小，影響胸部的擴張而導致呼吸困難。

磨損關節韌帶

胖貓大多有關節問題，主要是由於體重過重，增加關節軟骨的負擔，太重的貓常會發生韌帶拉傷或撕裂。

豆知識 **幫貓咪控制體重**

- 增加貓咪的運動量，多和牠玩遊戲、消耗牠的熱量。
- 每星期至少幫你的貓量一次體重，以確定體重在控制中。
- 請教獸醫師、訂定減重計畫，並考慮處方減肥貓食。

第**10**篇

帶貓咪出去玩耍

能和心愛的貓一同旅行，是所有養貓者最大的夢想。但是帶貓旅行最要緊的，是先讓貓咪能熟悉外出的練習。此外，貓提籃是外出必備品，不管是看醫生或是旅行都少不了它。

本篇教你

 如何帶貓咪旅行

 讓貓咪克服外出的恐懼

 如何找回走失的貓

帶著貓咪串門子

　　許多養貓的人都希望可以帶著貓咪，到親朋好友家中串串門子，讓他們分享你的快樂，如果他們家中也有寵物，更能讓你的貓有機會認識其他朋友。

適合帶貓去朋友家嗎？

　　帶貓咪串門子前，你必須評估朋友家中適不適合帶貓去，以免增添朋友的麻煩。

朋友家中有無養狗？

　　如果朋友家裡有養狗，應事先詢問是否曾和貓相處過？會不會攻擊貓咪？如果不事先了解，常常會造成遺憾。

朋友是否怕貓或對貓過敏？

　　有不少人天生怕貓或對貓毛過敏，因此一定要事先詢問友人的狀況，不要貿然帶貓去朋友家玩。

朋友家的門窗是否有關好？

　　到達友人家後，先檢查所有門窗是否確實關好，再將貓咪放出來，以避免貓咪萬一受驚嚇，衝出友人家而走失。

朋友家有無小孩？

　　大多數的小孩都很喜歡小動物，但是他們常不知道如何和貓咪互動，不是追著貓咪跑，就是拉扯牠們的尾巴。因此如果友人家中有小朋友，應事先教導他們有那些動作是貓咪不喜歡的，這同時也是非常好的機會教育。

帶貓咪去旅行

　　帶貓旅行是很快樂的事，但如何能快快樂樂地出門，平平安安地回家，還是有些注意事項需要遵守的。

帶貓旅行注意事項

1. 有無定期接受疫苗注射

　　為了免於感染傳染病，一定要定期接受貓預防針注射，如此在外出期間才不至於因為接觸傳染病原而生病。

2. 一個通氣性佳的貓提籃

　　貓不像狗一樣可以蹓，而且牠們也比較容易受驚嚇而走失，因此一個通氣性好的提籃，是貓咪的外出必備品。

3. 預防體外寄生蟲

　　外出的貓難免會帶幾隻跳蚤回家，因此可以事先給予貓跳蚤預防藥。

4. 幫貓戴上有聯絡名牌的項圈

　　讓貓戴上有聯絡名牌的項圈，萬一貓咪走失，撿到牠的人可以和你聯絡。

豆知識　旅行時必帶的物品

1. 貓咪的飲水及水碗
2. 貓咪的貓糧和貓碗
3. 旅行用提籃
4. 貓零嘴
5. 有貓咪熟悉氣味的衣服或毯子
6. 玩具

幫貓咪克服外出恐懼感

不是每隻貓一開始就可以很自在地和你一起外出，你必須為牠做些外出前的訓練，讓牠可以慢慢習慣並享受跟你一起旅行。

如何訓練貓咪習慣外出？

帶貓咪外出除了訓練牠習慣外，當然還必須做好一些安全措施，如果貓咪真的很不舒服，就不要勉強牠了。

1. 從小開始訓練

最好是從小就開始訓練，讓牠習慣自在地進出貓提籃。剛開始可以提著提籃在家裡走動，慢慢再延伸到電梯或樓梯間，等到貓咪能習慣之後，可以從散步逐漸改成搭車，擴大移動的距離。

2. 幫貓做健康檢查

要出門旅行前，建議請獸醫幫貓做一次健康檢查，看看是否適合旅行，並告知獸醫旅程，請獸醫開些暈車藥預防貓咪不適。

3. 預防走失措施

外出最好能幫貓咪繫上有你的聯絡方式的項圈，萬一貓咪走失，才能讓撿到牠的善心人聯絡上你。

4. 修剪貓爪

貓咪坐在車子裡可能會相當焦慮，亂抓亂撞，因此必須先幫貓咪修剪爪子，免得牠緊張時亂抓東西，讓你或其他乘客受傷。

5. 出發前吃暈車藥

不習慣坐車的貓最好在出發前禁食四小時，搭車前一小時服用暈車藥，避免嘔吐。

6. 減短行車時間

外出時儘量避開塞車時段，減短貓的行車時間。而在搭乘大眾交通工具時，儘量避免干擾到其他的旅客。

7. 留意貓的狀況

如果你的貓太緊張而發出叫聲，要輕聲叫其名字安撫牠，直到牠能安靜下來，如果貓仍無法冷靜，為避免貓咪亢奮過度，而使體溫上升發生危險，建議下車讓牠安靜下來再繼續旅程。

帶貓咪搭乘交通工具

　　若是你必須帶貓出遠門，交通距離比較長，可以考慮搭乘大眾交通工具。不過每種交通工具都有不同的規定，你必須先問清楚，才能和貓咪享受搭乘交通工具旅行的樂趣。

帶著貓咪搭車

　　帶著貓咪搭乘大眾交通工具，應該準備以下這些物品，讓貓咪安心跟你出門。

提籃

　　這是貓咪外出最重要的配備，材質以通風安全為重點，大小以方便貓咪可以在裡頭轉身為宜，並且在外出前再檢查一次是否將門關緊。

衣服、布或毯子

　　因為這些衣物有貓咪熟悉的氣味，可以讓貓咪在陌生的環境中不至於太過緊張不安。

小貓喜歡的玩具

　　準備貓咪喜歡的玩具，可以讓貓咪在單調的坐車時間中排解無聊。和衣物功能相同，可以有貓咪熟悉的氣味，讓牠安心。

食物和水

　　貓咪的食物和飲水，可以視外出時間的長短來準備。尤其夏天氣溫高，一定要準備飲水，避免在外出時中暑。

種類	友善程度	相關規定／搭乘辦法	注意事項	車資
選擇大眾交通工具				
計程車	☺	可以使用電話叫車服務，先在電話中告知有攜帶寵物，詢問司機是否有意願載客，甚至表明願意多付點車資。	將貓咪妥善地關在貓提籃中，防止脫逃。	議價
公車	☺	●外出前將貓放入提籃中。 ●上車後將貓籃緊靠自己腳邊，不得放置於座位或行李架或車廂通道。	如果貓因太緊張而發出叫聲，要輕聲叫其名字安撫牠，避免干擾到其他乘客的安寧。	不需
捷運	☺	必須放入提籃中。		不需
火車	☹	不限重量，但必須放入提籃中，並放置於座位下方空間。		不需
客運	☹	寵物需關在籠子裡，並依各規定放在座位下或是下層行李區。	貓與行李放在下層密閉空間，對貓不好。	依各家客運公司規定
高鐵	☺	必須放入提籃中，不可以抱出來，並須置放於本身座位前方自行照料。		不需
飛機	☹	寵物須關在籠子裡，作為行李拖運放在貨艙，不能帶到客艙中。	要搭機出國旅行最好不要帶貓同行，因為國際線有很多限制，且進出海關必須檢疫，會較為麻煩。	拖運費用依規定

幫貓咪安排寄宿

　　即使你多麼希望可以帶著貓咪旅行，不過還是有很多狀況下，是沒有辦法帶著愛貓一起外出的，有可能是出差、也有可能是你的貓咪無法長時間搭乘交通工具，因此如何幫貓咪安排寄宿，就顯得非常重要了。

飼主不在家的貓咪照料

　　如果你必須離家幾天，又無法帶著貓，當然也無法在家親自照顧你的貓，那麼可以考慮下列幾種方式，來安排貓咪的生活照料。

托給貓咪熟悉的親友

　　如果是貓咪所熟識的親友家中，也是讓貓咪放鬆、你也放心的選擇，這可以讓牠在比較自在的氣氛下生活幾天，也不至於影響牠的進食和如廁習慣。最好可以帶著牠自己的貓碗和貓砂盆，加上小零嘴和牠喜愛的玩具，以減少陌生感。

寄宿動物醫院或寵物店

　　如果真的沒有人可以幫你照顧貓，大多數的動物醫院和寵物店，都有提供寄宿的服務，但因為畢竟是開放空間，為了避免感染傳染病，事先為貓咪注射疫苗，是必要的保護措施，同時也不要忘了帶著牠的貓碗和貓砂盆。

請友人到家中幫忙

　　貓咪的環境適應力並不是很好，突然離開熟悉的環境會讓牠非常緊張。因此如果可以將貓留在家中，請朋友到家中幫忙餵食和清理貓砂盆，是對貓咪非常好的做法。

寄宿地點比一比			
寄宿地點	寄宿環境	優點	價格
動物醫院	尚可，盡量安排不要和狗住太近，以免貓咪緊張	如果貓咪臨時生病，方便立即治療	500～700元／天
寵物店	尚可，盡量安排不要和狗住太近，以免貓咪緊張	可以在回家前先在寵物店洗澡，避免帶寄生蟲回家	500～700元／天

豆知識 **貓咪住宿的準備物品**

1. 貓咪的飲水碗：貓咪會認自己的碗，如果沒準備，有些貓會不吃不喝。
2. 貓咪的貓糧和貓碗：若怕貓咪突然換食物會拉肚子，可以準備自己的貓食。
3. 貓喜愛的零嘴：貓咪太緊張時可以用來紓緩情緒。
4. 有貓咪熟悉氣味的衣服或毯子
5. 玩具

預防貓咪走失

　　經過馴養的貓咪早就失去謀生能力，走失後幾乎是死路一條。貓會從家中走失的原因很多，從來不曾外出的貓一旦跑出去就很容易迷路，更可能會不幸發生交通意外。

如何預防愛貓走失？

　　預防貓咪走失的方法，除了小心還是小心。下列有幾個你必須時時提醒自己的注意事項，只有隨時注意，才能避免遺憾發生。

提醒 ① 外出時裝提籃

　　若帶貓外出，一定要將貓放在提籃中，避免貓咪太緊張而跑掉。更嚴密的預防則可以加根鐵絲，綁住籠子較鬆處，再以大塑膠袋罩住，形成第二道防線，並將袋口固定。

提醒 ② 隨手關門窗

　　不論將貓帶到哪裡，一定要保持隨手關門的習慣，就算有別人開關門，也要注意門是否確實關好，貓咪是很有好奇心的動物，一不注意牠可能就溜走了。

提醒 ③ 學會抓貓的後頸

　　若將貓抓出提籃，只要是一個月以上的貓，都要隨時抓著牠的後頸，這是除了鍊子之外，較好控制貓咪的方法。

小提示

　　貓咪和狗的差異極大，貓咪絕大部分不能不用提籃帶出門。牠們對環境的改變非常敏感，甚至主人在旁邊也一樣。

貓咪走失了，怎麼辦？

　　讓貓咪離家或走失的原因很多，但是大多數家貓從來不曾和外界接觸過，一旦跑出去，很容易會迷路而回不了家，更可能會發生中毒、被狗攻擊或車禍等不幸意外。萬一你的貓咪走失了，要立即找尋牠的蹤跡。

貓咪走失的搜尋方式

　　如果不幸貓咪不見了，應該要立即展開尋找的行動。通常找回來的貓，都在走失地點不遠處，最長有八天才找到的。

立即近距離搜尋

　　一般搜索的範圍，約從家的方圓 500 公尺以內開始找。如果是發情中的公貓，可能會走得更遠，會離開家大約 1 ～ 2 公里。貓是夜行動動物，尤其環境改變後，可能只敢在夜間人煙稀少時覓食，所以半夜是找尋的較佳時機。你可以帶著牠喜愛的罐頭，邊敲邊叫牠的名字。

動物醫院協尋

　　若你的貓咪有植入晶片，那麼你可以到動物醫院申請協尋。

張貼告示

　　到家附近的大樓、動物醫院、租屋公告欄、甚至網路等處貼告示，註明貓咪的特徵和你的聯絡方法，最好附上貓的照片，也許有好心人撿到貓，可以聯絡上你。

尋貓啟示

品種：俄羅斯藍貓
年齡：3歲
走失時間：10月31日
走失地點：仁愛路
敬請仁人君子協尋
聯絡電話：2365XXXX

豆知識 絕育能防止貓走失

不論公貓還是母貓，貓咪在發情期都很容易跑出門尋找異性，很多貓咪都是因為沒有絕育而在發情期時走失的，所以絕育是防止貓咪走失的方法之一。

第 **11** 篇

意外傷害的急救

在街上遇到受傷或車禍的貓，你可能不知道如何接近牠、幫助牠。但是家中的貓若發生緊急意外，你就必須要知道如何處理才行。急救醫療的主要目的，是在還沒有得到獸醫醫治前，能穩住傷貓的生命跡象，如呼吸、心跳等，並且暫時減輕牠的痛苦。

本篇教你

 認識貓常見的意外傷害

 急救的處理

 送醫院的注意事項

常見的貓咪意外傷害

一旦心愛的貓受了重傷，有生命危險卻又無法立刻找到獸醫幫助時，牠能不能活下來，就要看你是否具備急救的知識了。

急救貓咪的原則

在對貓咪做急救時，以下的優先原則必須先把握住，才不會失去黃金救援時間。

原則 ① 保持呼吸道暢通

急救第一個原則就是要保持呼吸道的暢通，尤其貓咪如果意識不清楚時，更需檢查有無嘔吐物阻塞，以防窒息。

原則 ② 留意貓咪的呼吸

要檢查貓咪有無呼吸，可從貓咪側躺時胸腔有沒有上下起伏觀察得知。如果沒有呼吸時，可進行人工呼吸，避免腦缺氧過久造成永久傷害。

原則 ③ 檢查貓咪的心跳

檢查貓咪有無心跳，可以將手放在貓咪胸腔下緣，感覺貓咪的心跳強弱，如果沒有心跳則立刻進行心肺復甦術。

豆知識

急救前先制服受傷的貓

受傷的貓咪很容易抓傷或咬傷人，你可以先走近貓身旁看看，判斷貓情緒是否穩定。制服狂亂中的貓，不只是為了方便進行急救醫療，也是為了使你免於受傷。

判斷急救方式

下面的測驗可以讓你迅速判斷貓咪的狀況，以及該用什麼急救處理方式。不論什麼狀況，最後都是需要送醫治療才行。

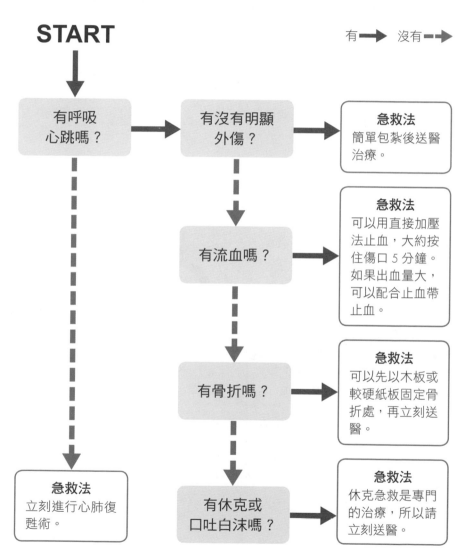

START

有➡ 沒有▪▪➡

有呼吸心跳嗎？	有沒有明顯外傷？

急救法
簡單包紮後送醫治療。

有流血嗎？

急救法
可以用直接加壓法止血，大約按住傷口 5 分鐘。如果出血量大，可以配合止血帶止血。

有骨折嗎？

急救法
可以先以木板或較硬紙板固定骨折處，再立刻送醫。

急救法
立刻進行心肺復甦術。

有休克或口吐白沫嗎？

急救法
休克急救是專門的治療，所以請立刻送醫。

意外傷害的急救

　　貓咪一旦遭受到意外，你必須先冷靜判斷牠的狀況，再按照每一種意外傷害的處理程序幫貓急救，並盡量減輕牠的痛苦。意外傷害分成許多種，你必須先判斷貓咪受到哪一種意外傷害，再依照情況選擇急救方法。

動物咬傷

　　貓咪打架後毛髮會被咬掉，或傷口處會因咬傷而沾有口水，甚至有血跡。先仔細為牠檢查可能隱藏傷口的部位，像頸部、臀部或四肢周圍，往往可以在被毛上發現血跡。

急救措施

 1 先剃除傷口周圍的毛，以確認傷口範圍。

 2 用濃度 3% 的雙氧水清潔消毒，避免細菌感染傷口。如果傷口太深太長，儘快送醫縫合。

 小提示

可能的話，確認一下咬人的動物是否接受過狂犬病疫苗注射。

出血

　　徹底地從鼻尖開始，慢慢地翻開毛髮檢查有沒有出血傷口，一直檢查到尾尖。千萬不要怕麻煩而忽略任何細微處，如果有疼痛點或貓咪不給你碰的部位，可能就是傷口處，仔細檢查。出血傷口的處理，最重要的是防止大量出血，以避免引起休克。

急救措施

 如果傷口不是很大，只要以繃帶、手帕或毛巾用力按住傷口 5 分鐘即可止血。

 血液若透過繃帶壓迫仍繼續流出，就得使用止血帶。止血帶是萬不得已採用的最後方法，因為它不只會止住血流，也會阻礙組織的血液循環，導致缺氧或組織壞死。

小提示

繃帶、領帶、鞋帶、衣袖、絲襪或絲巾，都可以作為止血帶。

 立刻送動物醫院治療。

高樓墜落

　　貓咪墜樓有個特別的名稱叫「高樓症候群」。住在大樓的貓，經常有機會坐在窗邊注視飛行中的小鳥、或接近窗邊的蟲鳥，但是若窗子沒有安全的護欄或紗窗不牢靠，貓咪常會專注於捕捉蟲鳥，失神躍起而墜樓。

急救措施

 檢查貓咪的意識是否清醒，生命跡象（呼吸、心跳）是否穩定，如果沒有則進行心肺復甦術。

 如果生命跡象正常，檢查有無外傷或骨折，若有骨折則先以木板固定後，立刻送醫。

觸電

成貓很少發生觸電的意外，但是幼貓因為具有強烈的好奇心，又喜歡亂咬東西，尤其是電線，一旦咬破電線外皮絕緣體，就會接觸裸露的電線而觸電。輕者貓口腔嚴重灼傷，重者會引起心臟受損和肺水腫而發生休克。

急救措施

1 勿接觸貓的身體，先將電插頭拔除。

2 立即為牠進行人工心肺復甦術，加壓位置約在貓的第四肋骨下緣。

中暑

處在密閉通風不良的酷熱環境中，貓咪會無法保持正常體溫而發生中暑。當貓的體溫高達 41℃ 以上時，如果沒有適當處置，則會發生嚴重的腦水腫而危及生命。若撫摸貓時發覺牠的體溫特別高，馬上量量看是不是發燒了。

急救措施

1 立即設法降溫，如將牠浸入冷水中或直接用水管噴水在牠身上，必須持續進行 30 分鐘以上。

2 迅速送醫。維持車內溫度舒適，如果生命跡象不穩定，則繼續心肺復甦術。

注意

將貓放在陰涼、通風良好的地方，帶貓外出時，絕不可將貓留在密閉的車中。

車禍的急救

　　要避免貓咪發生車禍，最重要的是將貓咪養在家裡，嚴防貓咪自行走出家門。但生性好動的貓，明知外頭危險卻又喜歡到處遊蕩，有的貓則是安逸慣了，喪失了天生的靈敏，而發生車禍。

貓咪被車撞到怎麼辦？

　　俗話說「好奇殺死一隻貓」，萬一貓咪不幸溜出家門發生車禍，你就必須依照下列的步驟作緊急處理。

1 冷靜處理

　　一旦貓咪發生車禍，你絕對不能慌亂，要保持冷靜，因為接下來的每一步驟，都關係著牠的存活與否。

2 保護你自己

　　首先找條浴巾或外套包住貓的頭部，因為在疼痛的情況下，牠可能會咬得你傷痕累累。

3 檢查受傷程度

　　檢查牠有無致命的外傷或抽搐現象。是否失去意識？有無繼續出血？可不可以走動？

4 檢查骨折

　　摸摸貓咪的身體，檢查牠的骨頭是否有骨折情形，若有，找木板或較硬紙板固定。

5 找人幫忙

　　找個紙箱或浴巾，輕輕地將貓放入。並找人幫你開車，立刻送牠到動物醫院。

6 立即送醫

　　立即送醫檢查治療，因為貓咪是非常容易隱藏痛苦的，千萬不要以為貓咪看起來好像沒事，就忽略送醫。

貓咪中毒了怎麼辦？

貓咪有非常強烈的好奇心，因此意外中毒事件層出不窮，不論是不小心掉落地上的藥片，或是打翻的化學藥品，不是被牠吞食、就是沾到毛髮被牠舔舐而發生中毒事件。

藥物中毒

貓咪可能吞食掉落在地上的藥品而中毒，尤其人類慣用的止痛藥普拿疼，對貓咪來說卻是毒藥，因此萬一貓咪誤食了，要儘速照以下的方法急救：

 催吐

可以餵食濃食鹽水催吐。

2 無法催吐時

可以先灌牛奶，延緩毒物吸收。

3 送醫急救

若知道貓咪吞了什麼樣的藥物，記得告知醫生。

豆知識　**家裡現成的催吐劑與緩和劑**

催吐劑：濃鹽水
緩和劑：橄欖油、生蛋白、牛奶

化學藥劑中毒

貓咪可能直接誤食放在家裡牆角的殺蟲劑，或藉由獵捕其他昆蟲而間接吃下化學物質，甚至可能是被毛碰到清潔劑，經由舔毛的過程而吞下化學毒物，這些狀況都會導致貓咪中毒。

1 分辨毒物的化學特性

如果毒物是會侵害皮膚或黏膜的腐蝕性物質，不可催吐，不然會造成二次傷害。應讓牠服下橄欖油或生蛋白，可和化學藥品結合產生凝固作用，防止被吸收。若是非腐蝕性物質，就要立即讓牠嘔吐，以排出胃裡的毒物。

2 沖洗貓毛

若貓咪是因為被毛碰到化學藥劑，要立即沖洗貓咪，以防牠再度舔毛而中毒。

3 收集檢體

如果貓已有嘔吐情形，將嘔吐物收集起來，跟可能肇事的毒物容器一併送交獸醫檢查分析。

Q **如何預防貓咪中毒？**

A： 1. 將所有藥劑放在貓咪碰不到的地方：所有的有毒物品都要裝瓶蓋緊，放置在貓咪無法碰觸到的地方。

2. 將有毒植物高掛起來：家裡種的植物，都要視為有毒植物才是最安全的作法。最好將植物放置於貓抓不到的地點，已知的有毒植物更要高掛起來，如果不清楚對貓是否有毒，可以請教獸醫師。

送貓咪去醫院

　　貓咪是很能掩飾病情的動物，所以如果你看不出貓咪有沒有問題，千萬不要認為牠一定沒事，很可能因為貓咪暫時隱藏病痛，而錯失治療的黃金時間，造成遺憾。因此不論貓咪發生什麼樣的意外，都要送到醫院檢查並診治，而不要因為貓咪看起來不嚴重就輕忽。

利用現成工具

　　將受傷的貓咪送往動物醫院時，可以利用身邊現有的工具來運送貓咪，例如紙箱、貓籠、或以浴巾包起貓咪，用你的雙手抱著也行，一來可以維持貓咪的體溫，也不會令貓咪受到驚嚇。

注意脊椎有無受傷

　　如果懷疑貓咪的脊椎有受傷，為了防止脊椎進一步傷害，你必須將貓放在堅固的木板上或者紙箱裡，並注意送醫過程一定要避免振動。

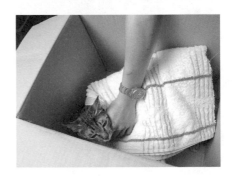

Q 如何判斷貓咪脊椎有沒有受傷？

A： 可以用手指沿著脊椎輕輕地移動，如果有任何不連續或變形情況，則有骨折問題。也可以刺激貓咪四肢，看看有無任何神經反射。

找人幫忙

　　找路人、朋友幫你開車或照顧病貓，或者乾脆坐計程車，防止不必要的交通事故。在送醫途中要安撫貓咪、注意貓咪有沒有失溫以及呼吸心跳是否正常。

聯絡動物醫院

　　立刻用電話聯絡獸醫師，請醫師提早準備器材，貓咪一到醫院就可以馬上急救處理。

 小提示

動物醫院急救措施

送貓到動物醫院時，醫院會先詢問飼主發生什麼事，並先照 X 光檢查有無骨折、驗血，檢查是否有內出血問題、有無失溫、需不需要保溫以及有沒有脫水、需不需要點滴等等。

第 **12** 篇

照顧年老的
貓咪

當你發現貓咪開始有動作變得遲純、牙齒脫
落等情況，這些都是老化的證據。隨著醫學
的進步，雖然我們仍沒有辦法停止老化，但
是可以讓老化的速度慢一點，讓老貓的生活
品質維持在不錯的狀況。

本篇教你

 如何判定貓咪老了
 老貓的照顧
 老貓的健康檢查
 處理貓咪後事

老貓那裡不一樣了？

　　就像開了十年的車子，零件多少會磨損，動物的老化也是一樣。老化不是生病，只是身體器官機能退化和組織再生能力變慢，較容易生病和受傷，而且得花更多時間恢復。此外也因為代謝變慢，容易變得肥胖。

老貓的生理機能

　　隨著時光逝去，貓咪也會逐漸老去，和人類老了一樣，老貓的生理機能大不如前，在各方面都會有所改變：

抵抗力變差

隨著年紀愈來愈大，貓的抵抗力也大不如前，對抗疾病的能力變差，比較容易被傳染病入侵，因此每年的預防針補強也更加重要。

腎機能退化

隨著年紀愈大，腎臟本身功能退化或心臟循環變差，會降低經過腎臟血液的流量。貓咪喝水量變多、尿尿的次數也增加，常是腎出問題了。一旦腎臟喪失過濾血液的功能，體內有毒物質無法排出，很快就會死亡。

行動變慢

關節炎常會讓貓咪活動力變差，尤其是年輕時骨骼關節受過傷的貓會更嚴重。和人老了一樣，關節變得較僵硬，骨質也慢慢疏鬆，流失鈣質而增加骨折的機會。也因為運動會痛，老貓通常儘量不走動而使肌肉萎縮無力。

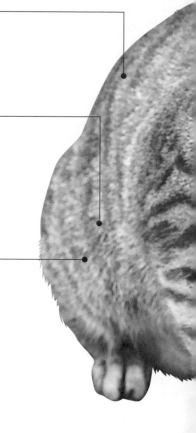

皮毛無光澤

老貓的毛髮會開始稀疏無光澤，皮膚彈性變差而容易受傷。皮脂腺油脂分泌不夠，而使皮毛又乾又澀，深色被毛的貓也會開始長出灰白色的毛髮。

耳不聰目不明

老貓的耳膜變厚，使得牠們的聽力愈來愈差，貓主人通常不易發覺，常在被貓無故攻擊後，在獸醫師的診斷下才知道牠的聽力不行了。老貓視力也會退化，甚至可能有白內障，貓主人常等到貓咪找不到食物或撞到家具，才會發現老貓視力退化了。

牙齒磨損脫落

大多數的老貓都有一口爛牙，又厚又硬的牙結石，常讓貓苦於牙周病而食慾不佳。口腔內發出的惡臭也常令貓主人感到困擾。

心肺功能喪失

心臟老化常會失去原有機能，無法將血液輸送到身體各部位，血管的口徑變窄、彈性變差、全身循環隨之變差，所以老貓會比較怕冷。此外呼吸系統也因而退化，無法供應身體足夠的氧氣，氣管變窄、肺臟纖維化而容易發生呼吸道感染。

餵食老貓

　　由於老年貓的身體機能逐漸變差，對蛋白質的需求和熱量的消耗都會下降，必須增加纖維含量，促進老貓的胃腸蠕動，低熱量高纖維的食物可以避免活動量不足的老貓體重過重。

老貓的營養需求

　　就像人不能不服老，同樣地貓咪也得面對老化的問題。很多營養在貓咪老化的過程中，會因為攝食少了、或貓本身製造不足而發生失調，因此在老貓的飲食中，特別要注意營養均衡的問題。

肝腎功能退化

　　因為年齡慢慢增加了，很多器官功能也不如從前，飲食上也要開始節制。像肝腎功能退化，就不宜再攝食過多的蛋白質，適合選擇專為老貓調配的貓食，以減少肝腎的負擔。

關節退化

　　很多老貓都有關節退化的問題，可以在日常中添加葡萄糖銨，有助於貓咪關節囊液的製造，延緩關節退化的時間，並改善貓咪生活品質，不會苦於關節退化的疼痛。

消化吸收功能退化

　　腸道蠕動變差了，必須在食物中增加纖維的含量，幫助腸道的蠕動。而且老貓吸收能力遠不如年輕時，食量雖然不變，但體重會明顯下降，食物宜選較易消化的貓食。

老貓的退化與餵食

在前一頁我們曾提到老貓的生理機能會逐漸退化，面對逐漸退化的身體，身為主人的你該如何餵食逐漸老去的愛貓、又要餵食哪些東西呢？

退化部位	退化結果	餵食方式
腎臟	腎功能變差	含低磷配方的食物，減輕腎臟負擔。
骨頭	關節炎	添加葡萄糖銨的食物。
牙齒	牙齒老化脫落、口腔疾病	將乾糧用溫水泡軟或給予罐頭。
鼻子	味覺退化沒胃口	添加味道重的食物，例如罐頭。
心臟	代謝變慢	減少食物熱量避免過胖。市售高纖低熱量的老貓貓食，可以降低約 10 ～ 20% 的熱量。
腸胃	吸收變差	少量多餐，可以減輕消化道負擔，減少嘔吐或腹瀉的問題。

老貓的日常照顧

　　貓咪的年齡漸長，常見的問題就是行動遲緩，可能不再像年輕時可以靈活地飛簷走壁，跳到壁櫥上變得愈來愈困難，甚至連爬進貓砂盆都不容易，因此設計一個無障礙的空間讓老貓舒適活動，並適宜地照顧老貓，是十分重要的。

重點 ① 減少上下樓梯的機會

　　很多老貓有關節炎的問題，上下樓梯對牠們而言變得十分困難。儘可能減少日常作息要使用樓梯的機會。

重點 ② 降低高度

　　貓在家中都會有些喜愛的地點，但隨著年紀增加，或許不再能夠輕易地跳上去了。如果貓咪睡覺或吃飯的地點有點高度，建議降低高度或加些高低箱，讓貓可以一層層爬上去。

重點 ③ 保持適當的室溫

　　老貓代謝變慢後，血液循環不良，比較不能維持身體的暖和，因此會變得怕冷，維持室內溫度的恆定非常重要。

重點 ④ 避免用力刷毛

　　年紀大的老貓，常見的骨刺問題會使牠拒絕刷毛和撫摸，因此在幫牠刷毛或撫摸牠時，應將動作放輕，減少牠的疼痛。

健康檢查

貓一旦到了 7～8 歲，就應開始注意牠們的身體變化。千萬不要忽略任何小細節，因為這都可能是嚴重疾病的徵兆。如果無法確定，可以和你的獸醫討論你所觀察到的狀況，並配合每年的健康檢查。

老貓每年的健檢項目

糞便檢查

可以檢查出貓咪有沒有體內寄生蟲、消化酵素是否正常、有沒有不正常的潰瘍或出血。

尿液檢查

可以預先檢查出腎臟功能是否正常、有沒有糖尿病等現象。

血液檢查

可以檢查身體各項器官的功能是否正常、有無感染或貧血，以及潛在的腫瘤疾病。

X 光檢查

可以檢查是否有關節炎的現象，腎、膽、膀胱等部位有沒有結石、心臟是否太大及肝臟正常與否。

健康檢查有糞便檢查、尿液檢查、血液檢查以及放射線檢查等，可以徹底了解貓咪身體機能是否有異常，並及早治療。這些檢查項目都可以在動物醫院進行，收費視檢查項目的多寡而有不同，如果怕超過預算，可以在檢查前請醫生詳細說明收費明細。

當貓咪離我而去

　　雖然有了最好的照顧，貓咪的身體總有一天會開始走下坡，生活品質不再像往常舒適，甚至再也不能尊嚴地活下去了。接下來這一章節，我們將討論如何和你心愛的貓朋友說再見，這聽來很令人悲傷，但希望我能給你一些了解和鼓勵，幫助你為你的貓做最好的抉擇－－當這一天不得不來到的時候。

認識安樂死

　　有時貓咪會平靜地在午夜裡離去，然而大多數卻不是如此。若貓咪承受著生病末期的巨大病痛，選擇終止牠的痛苦和不幸，或許是你做過最困難、但卻是最仁慈的事。

　　所謂安樂死就是希望貓咪能在無恐懼及痛苦中結束其生命。安樂死是以注射藥物的方式進行，過程可以分三階段：

第一劑：鎮靜劑
以皮下注射讓貓咪可以在接下來的血管注射中，沒有疼痛和恐懼。

第二劑：加重劑量的麻醉藥
貓咪進入過度麻醉的程序，有些病重虛弱的貓，在這一階段就沒有生命跡象了。

第三劑：讓心跳呼吸停止的藥物
以血管注射方式給予，讓貓咪完全解脫不再痛苦。

 **小提示**

無論如何，是否該結束貓咪的病痛，必須靠著主人痛下決定。帶著被病魔纏身的貓咪，到動物醫院施行安樂死，才能解脫牠的痛苦。

如何判斷讓貓咪安樂死？

讓貓咪安樂死是困難的決定，尤其要判斷該在什麼時候讓貓咪安樂死，又怎麼知道貓咪正在承受著痛苦呢？安樂死的目的，是為了阻止不必要的病痛逐漸侵蝕心愛的貓，而決定讓貓尊嚴地走完一生。

貓咪年齡與健康

你得仔細評估貓咪的健康狀況和牠不舒服的程度。如果牠是隻正被病痛折磨、但恢復力良好的小貓，大多數主人會選擇盡一切可能救治牠；但如果是隻 15 歲的貓被同樣的病折磨，決定可能就不同了。

老貓的尊嚴

如果貓已經老到無法再走路和控制牠的大小便，這對牠來說是相當沒有尊嚴的事，多數的主人也會下同樣的決定，讓貓咪安然地走完最後一程。

治癒的可能

如果這隻貓的病無法被治癒，而且正忍受極大的病痛，那麼不管牠年紀大小，大多數的主人都應該決定讓牠長眠。

注意

讓貓有尊嚴地死去

充份和獸醫師討論貓的病情，你才能精確地了解什麼是最佳的處置，但不要被別人說服而去做你直覺不對的事。想想這些年來牠給你的愛和陪伴，在對的時刻做無私的決定，才是維護牠最後的尊嚴。

送貓咪最後一程

不論貓咪是健康或是生病，這一天總是會到來。從你第一天養牠，你就要有這種認知和心理準備，牠們一定會比我們早一步到天堂的。

處理貓咪遺體

處理貓咪的後事，每個人方法都不盡相同，依照個人的宗教信仰，和對貓咪的感情，所決定的方式也有所差異。貓咪遺體最常見的處理方式，分為土葬跟火葬兩種：

土葬

有些人會選擇親手埋葬心愛的貓，將貓咪葬在自家的院子、或是選個環境優雅的地點，必須注意的是要儘可能埋深一點，以免下雨後曝露出來或被野狗拖走。

火葬

這可能是最多人的選擇，也是比較衛生環保的作法。火葬後可以選擇保存貓咪的骨灰，或是將骨灰撒向大海。而現在有不少寵物火葬處理業，可以提供這類服務，更有寵物靈骨塔可以安放貓咪的骨灰。

處理過世貓咪的地方

　　動物過世並不像人類有個儀式或機制，知道該怎麼處理後事，不過有一些機構或管道可以幫飼主處理。

請動物醫院代為處理

　　往生的貓咪或許和獸醫師也是多年的朋友了，最後階段能送牠們一程，是所有獸醫師的福報。通常動物醫院建議的方式是火化處理，屬於比較衛生方便的方法。

送往私立安樂園

　　私立安樂園服務就很多樣化了，可以和他們討論你所希望的各種方式，他們也可以配合各宗教信仰儀式處理。此外還有集體或個別焚化的選擇，及安放骨灰的靈骨塔服務。

送往公立機關

　　如果要送交公立機關處理貓咪遺體，你必須是當地居民，並且你的貓咪有辦理寵物登記。收費比私立安樂園低廉，但是處理方式通常是集體焚化，沒有個別焚化的服務。

找塊地自行掩埋

　　如果你家裡有院子，你就可以找塊牠生前最喜愛的地方，將愛貓掩埋，甚至立個墓碑紀念牠。但如果你家裡沒有空間，建議你不要選擇這個做法，因為一來貓咪遺體可能被野狗拖出，同時也會污染環境。

Q 貓咪火葬要花多少錢？

A： 貓咪火葬分為集體火葬與個別火葬。一般公立機關多為集體火葬，收費較低，但各縣市收費標準不同，可再洽詢各縣市動保處。私人的火葬服務分為集體和個別火葬，集體大約收費 1500 ～ 2000 元，個別焚化則約 3500 ～ 6000 元左右。

全台動物收容所

縣市	收容所	地址／電話
基隆市	基隆寵物銀行	基隆市大華三路 45-12 號（欣欣安樂園旁） 電話：02-24560148
台北市	台北市動物之家	台北市內湖區潭美街 852 號 電話：02-87913254 ～ 5（代表線）
新北市	新北市政府動物保護防疫處	電話：02-29596353 （三芝、淡水、八里、五股、板橋、中和、新店、瑞芳，此八區有動物之家）
桃園市	桃園市動物保護教育園區	桃園市新屋區永興里三鄰大牛欄 117 號 電話：03-4861760
新竹市	新竹市動物保護教育園區	新竹市海濱路 250 號 電話：03-5368329
新竹縣	新竹縣家畜疾病防治所	新竹縣竹北市縣政五街 192 號 電話：03-5519548 分機 407
苗栗縣	苗栗縣生態保育教育中心	苗栗縣銅鑼鄉朝陽村 6 鄰朝北 55-1 號 電話：037-558228（請於開放時間來電）
台中市	台中市動物防疫處	台中市南屯區萬和路一段 28-18 號 電話：04-23869420
彰化縣	彰化員林流浪犬收容所	彰化縣芬園鄉大彰路一段 875 巷（直走到底） 電話：04-8590638
南投縣	公立南投動物收容所	南投市嶺興路 36 號之 1 南崗工業區清潔隊停車場內 電話：049-2225440
雲林縣	雲林縣動植物防疫所	（動物均安置於代收容動物醫院或代養場） 電話：05-5523250
嘉義市	嘉義市流浪犬收容中心	嘉義市彌陀路勞工育樂中心旁（環保局資源回收場內） 電話：05-2168661
嘉義縣	嘉義縣家畜疾病防治所	嘉義縣太保市太保一路一號 電話：05-3620025 ～ 27

台南市	台南市動物之家灣裡站	台南市 702 台南市南區萬年路 580 巷 92 號 電話：06-2964439 傳真：06-2964670
	臺南市動物之家善化站	台南市善化區東昌里東勢寮 1-19 號 電話：06-5832399
高雄市	高雄市燕巢動物收容所	高雄市燕巢區師大路 100 號 電話：07-6051002
	高雄市動物保護教育園區	高雄市鼓山區萬壽路 350 號 電話：07-5519059
屏東縣	屏科大流浪犬貓中途之家	屏東縣內埔鄉老埤村學府路 1 號畜牧場 206（到校門口時，可向大門口守衛人員詢問） 電話：08-7740588 轉 6332、08-7701094
台東縣	台東縣流浪動物收容中心	台東市中華路 4 段 861 巷 350 號 電話：089-362011
花蓮縣	流浪犬中途之家	花蓮縣吉安鄉南濱路一段 599 號旁巷內 電話：038-421452
宜蘭縣	宜蘭縣公立流浪動物中途之家	宜蘭縣五結鄉成興村利寶路 60 號 電話：03-9602350
澎湖縣	澎湖縣流浪動物收容中心	澎湖縣馬公市烏崁里 260 號 電話：06-9213559 ＊週一到週五，9：00〜11：30，14：00〜16：30，開放參觀認養（如要前往請再以電話確認）
金門縣	金門縣動植物防疫所	金門縣金湖鎮裕民農莊 20 號 電話：082-336625
連江縣	連江縣流浪犬收容中心	連江縣南竿鄉復興村（近機場） 電話：0836-25003

全台動物保護機構

機構	地址 / 電話 / 傳真
中華民國世界聯合保護動物協會	台北市富陽街 21 巷 6 弄 15 號 4 樓 02-23650923
台灣防止虐待動物協會	02-27382130
中華民國保護動物協會	大安區信義路四段 263 號 3 樓之 6 02-27040809
中華民國動物福利環保協進會	台北市內湖區東湖路 63 號 2 樓 02-26306192　02-2630-6011
中華民國關懷生命協會	台北市中山區民生東路 2 段 120 號 3 樓 02-25420959
台灣動物社會研究會	台北市文山區和興路 84 巷 18 號 1 樓 02-22369735 ～ 6
流浪動物之家基金會	新北市中和區景平路 71-7 號 20 樓 02-29452958　022945-2954
流浪動物花園	http://www.doghome.org.tw/ 02-23628771
宜蘭縣流浪狗關懷協會	宜蘭縣羅東鎮興東路 263 號 9F 之 4 03-9898504　03-9899178
桃園市動物保育協會	聯絡處：桃園郵政第 4-94 號信箱（僅供書信往來）
新竹市保護動物協會	sawh@mail2000.com.tw （若需聯絡請用 mail 或 FB 私訊）
台中市世界聯合保護動物協會	物資代收處　臺中市清水區大楊國小（請註明台中市世聯會收） 04-26200102　04-26200103
高雄市關懷流浪動物協會	高雄市鼓山區中華一路 369 號 07-5226699　07-5223780
花蓮縣動物權益促進會	03-8574520
花蓮縣保護動物協會	hapa.n601@msa.hinet.net 聯絡處：花蓮郵政信箱 10-31 號
澎湖縣保護動物協會	0988558433

全台動物急診醫院

在就醫之前，請務必先打電話詢問醫院是否有值班醫生再前往。

而平常也要多留意貓咪的狀況，若有什麼異狀請盡快就醫，切記不要拖到最後情況危急了才掛急診哦！

基隆市

院名	電話	地址
仁愛動物醫院	02-24287653	基隆市仁愛區孝二路 35 號

台北市

院名	電話	地址
士新動物醫院	02-28712529	基隆市仁愛區孝二路 35 號 台北市士林區士東路 39 號
天母家畜醫院	02-28315677	台北市士林區中山北路六段 314 號
藍天家畜醫院	02-28380088	台北市士林區文林路 759 號
阿牛犬貓急診醫院	02-28810478 02-28827381	台北市士林區基河路 238 號 1 樓
和的獸醫院	02-25081009	台北市中山區民權東路二段 152 巷 22 弄 2 號
太僕動物醫院（中山區）	02-25170902 急診：0928242358	台北市中山區龍江路 260 號
伊甸動物醫院	02-85092579	台北市中山區北安路 554 巷 33 號
太僕動物醫院（松山區）	02-27562005 急診：0985699633	台北市松山區南京東路五段 286 號
國泰動物醫院	02-25795722	台北市松山區延吉街 57 號 1 樓
隆記動物醫院	02-27607639	台北市松山區民生東路 5 段 212 巷 1 號

嘉慶動物醫院	02-27199191	台北市松山區南京東路四段 65 號
慈愛動物醫院 台北總院	02-25563320	台北市大同區寧夏路 1 號
全民動物醫院	02-25573464	台北市大同區民生西路 249 號
永新動物醫院	02-25982889 0956225526	台北市大同區重慶北路三段 185 號
全安動物醫院	02-26336495	台北市內湖區東湖路 113 巷 54 號
全國動物醫院 台北分院	02-87918706	台北市內湖區舊宗路一段 30 巷 13 號
大群動物醫院	0982-966-674	台北市文山區羅斯福路六段 206 號
杜克動物醫院	02-87324789	台北市大安區基隆路二段 223 號

新北市		
院名	電話	地址
上哲動物醫院 （學府院）	02-26225750	新北市淡水區學府路 4 號
上哲動物醫院 （沙崙院）	02-28055534	新北市淡水區沙崙路 6 號
祐全動物醫院	02-29975827	新北市新莊區幸福路 795 號
亞東動物醫院	02-22218515 急診：0952-605051	新北市中和區中正路 639 號
中日動物醫院	02-22263639	新北市中和區中山路三段 2 號
提姆沃克動物 醫院	02-89829291	新北市三重區中正北路 23 號
康爾維寵物照 護醫療中心	02-86669595	新北市新店區安康路二段 308 號

桃園市

院名	電話	地址
南崁動物醫院	03-3520136	桃園市蘆竹區中正路 379 號 0920-018449
品湛動物醫院	03-3363252	桃園市桃園區民生路 495 號之 9

新竹市

院名	電話	地址
築心動物醫院	03-5338055	新竹市東區經國路一段 654 號
台大安欣動物醫院	03-5751317	新竹市東區東光路 25 號 1 樓
中日動物醫院	03-5231015	新竹市北區西大路 656 號

台中市

院名	電話	地址
全國動物醫院台中總院	04-23710496	台中市西區五權八街 100 號
慈愛動物醫院台中總院	04-24066688	台中市大里區國光路二段 539 號

南投縣

院名	電話	地址
野生動物急救站（僅限「野生動物」，不包括流浪貓犬）	049-2761331 分機 309	南投縣集集鎮民生東路一號

雲林縣

院名	電話	地址
弘安動物醫院	05-5333536	雲林縣斗六市西平路 276 號

嘉義市

院名	電話	地址
民族動物醫院	05-2289595	嘉義市民族路 776 號

台南市

院名	電話	地址
中美獸醫院和緯分院	06-2812233	台南市北區和緯路二段 231 號
慈愛動物醫院台南總院	06-2203166	台南市南區西門路一段 473 號
全國動物醫院永康分院	06-3133116	台南市永康區中華路 103 號 2 樓
諾亞動物醫院	06-2217291	台南市中西區成功路 297 號

高雄市

院名	電話	地址
中興動物醫院 大豐總院	07-3844631	高雄市三民區大豐二路 118-1 號
宏力動物醫院	07-3102819	高雄市三民區明誠一路 326 號
冠安動物醫院	07-2236451	高雄市苓雅區中正二路 131-1 號
銀星動物醫院	07-2914478	高雄市前金區成功一路 319 號
希望動物醫院	07-7537300	高雄市鳳山區凱旋路 100 號

屏東市

院名	電話	地址
大同動物醫院	08-7339215	屏東市民族路 222 號

花蓮市

院名	電話	地址
花蓮上海醫院	03-8341853	花蓮縣花蓮市上海街 63 號

國家圖書館出版品預行編目(CIP)資料

圖解第一次養貓就上手 / 陳正茂著. -- 修訂二版. -- 臺北市:易博士
文化, 城邦文化出版:家庭傳媒城邦分公司發行, 2017.09
　　面;　　公分
ISBN 978-986-480-029-2 (平裝)

1.貓 2.寵物飼養

437.364　　　　　　　　　　　　　　　　　　106015768

easy hobbies系列 ㉝

圖解第一次養貓就上手（修訂版）

作　　　　者	陳正茂
企 畫 執 行	王彥蘋、蕭麗媛、呂舒峮
企 畫 監 製	蕭麗媛
業 務 經 理	羅越華
總 編 輯	蕭麗媛
視 覺 總 監	陳栩椿
發 行 人	何飛鵬
出　　　　版	易博士文化
	城邦文化事業股份有限公司
	台北市中山區民生東路二段141號8樓
	電話:(02) 2500-7008　　傳真:(02) 2502-7676
	E-mail:ct_easybooks@hmg.com.tw
發　　　　行	英屬蓋曼群島商家庭傳媒股份有限公司城邦分公司
	台北市中山區民生東路二段141號11樓
	書虫客服服務專線:(02) 2500-7718、2500-7719
	服務時間:週一至週五上午09:30-12:00;下午13:30-17:00
	24小時傳真服務:(02) 2500-1990、2500-1991
	讀者服務信箱:service@readingclub.com.tw
	劃撥帳號:19863813
	戶名:書虫股份有限公司
香 港 發 行 所	城邦(香港)出版集團有限公司
	香港灣仔駱克道193號東超商業中心1樓
	電話:(852) 2508-6231　　傳真:(852) 2578-9337
	E-mail:hkcite@biznetvigator.com
馬 新 發 行 所	城邦(馬新)出版集團【Cite (M) Sdn. Bhd. (458372U)】
	11, Jalan 30D/146, Desa Tasik, Sungai Besi,
	57000 Kuala Lumpur, Malaysia
	電話:(603)9056-3833　　傳真:(603)9056-2833
	E-mail:cite@cite.com.my
封 面 構 成	劉淑媛
美 術 編 輯	簡至成
書 籍 插 畫	張修慧
製 版 印 刷	卡樂彩色製版印刷有限公司

■2021年05月04日修訂二版3.2刷
■2017年09月21日修訂二版1刷
■2005年06月03日修訂版
■2003年07月24日初版
ISBN 978-986-480-029-2

定價300元　HK＄100

Printed in Taiwan

城邦讀書花園
www.cite.com.tw